水下光学图像增强与复原方法及应用

范新南　史朋飞　著

科学出版社

北京

内 容 简 介

本书主要介绍水下光学图像增强与复原算法原理，主要包括基于仿射阴影形成模型、粗糙集上下近似、仿鲨复眼机制、水下低分辨率图像退化模型、暗通道理论、改进水下光学成像模型、优化卷积神经网络、结构相似性的水下图像增强算法和基于暗通道理论、色彩迁移的半全局水下图像复原算法。结合丰富的实验结果与分析，分别阐述了不同理论模型下算法的适用条件与优势劣势，力图利用图像增强与复原技术解决江河湖海开发探测过程中的诸多难题，如水下目标检测与跟踪、构筑物缺陷分析、生物特征识别等。

本书可作为电子信息、物联网技术、计算机和自动化等专业高年级本科生与研究生的教材，也可供水下图像处理领域的科研技术人员阅读参考。

图书在版编目(CIP)数据

水下光学图像增强与复原方法及应用/范新南，史朋飞著. —北京：科学出版社，2021.11

ISBN 978-7-03-070279-1

Ⅰ. ①水… Ⅱ. ①范… ②史… Ⅲ. ①水下光源- 图像光学处理-研究 Ⅳ. ①P733.3②TN919.8

中国版本图书馆 CIP 数据核字(2021)第 220047 号

责任编辑：惠　雪　曾佳佳/责任校对：杨聪敏
责任印制：张　伟/封面设计：许　瑞

科学出版社 出版
北京东黄城根北街 16 号
邮政编码：100717
http://www.sciencep.com
北京中石油彩色印刷有限责任公司 印刷
科学出版社发行　各地新华书店经销
*
2021 年 11 月第　一　版　　开本：720×1000　1/16
2022 年 1 月第二次印刷　　印张：12
字数：240 000
定价：99.00 元
(如有印装质量问题，我社负责调换)

前　言

随着全球人口数量的激增、经济和科学的迅速发展，陆地上的各种资源(如石油、煤矿、木材)不断被消耗，已满足不了人类日益增长的需求，所以人类开始越来越重视水下资源的开发与利用。江河中蕴藏着丰富的水生物资源，同时包含港口、水库、大坝等众多公共基础设施；湖海中则蕴藏着丰富的石油、天然气和煤矿等社会发展不可或缺的能源，而且种类繁多的海洋生物资源也有待研究和开发，水下探测技术因其感知信息丰富直观，被广泛用于上述应用场景中。然而探测设备的成像质量在水下常受到诸多因素的影响，致使获取的图像存在一定程度的退化，如图像散焦模糊、相机抖动产生的模糊、大气湍流、光电传感器的非线性映射以及水体的吸收散射等。图像的质量会直接影响人眼或者机器对获取图像的理解、分析、计算和识别的准确性。近年来，随着机器视觉技术及相关技术的迅速发展，使用传统图像处理技术和深度学习等方法提高水下图像质量，并满足机器识别的需求已成为社会关注的热点问题。本书是作者二十多年研究水下图像处理技术、应用的科学结晶，系统总结了作者二十多年相关科研实践成果，也适当参考了国内外相关的论文与材料。

全书分为 11 章。第 1 章是绪论。第 2 章是基于仿射阴影形成模型的水下图像增强算法，主要阐述仿射阴影形成模型及其改进模型、基于改进仿射阴影形成模型的水下图像增强算法、对应的实验结果与对比分析。第 3 章是基于粗糙集上下近似的水下图像增强算法，主要阐述粗糙集知识表达模型构建、水下图像背景亮度近似划分、自适应分层的背景亮度均衡及前景纹理增强、对应的实验结果与对比分析。第 4 章是基于仿鲨复眼机制的水下图像增强算法，主要阐述仿鲨复眼图像增强机制、仿鲨复眼机制的图像增强算法、对应的实验结果与对比分析。第 5 章是基于水下低分辨率图像退化模型的图像增强算法，主要阐述水下低分辨率图像退化模型、基于改进水下低分辨率图像退化模型的图像增强算法、对应的实验结果与对比分析。第 6 章是基于暗通道的水下图像增强算法，主要阐述基于暗通道的水下图像去模糊、单点白平衡的颜色校正、对应的实验结果与对比分析。第 7 章是基于改进水下光学成像模型的图像增强算法，主要阐述水下光学成像模型、改进水下光学成像模型和场景入射光的估计、基于水下光学辐照特性的透射率估计、对应的实验结果与对比分析。第 8 章是基于优化卷积神经网络的图像增强算法，主要阐述卷积神经网络原理、UIRNet 网络结构分析、UIRNet 的训练信息、对应的实验结果与对比分析。第 9 章是基于结构相似性的水下偏振图像增强算法，主要阐述水下偏振成像、基于结构相似性的水体透射率估计、图像复原、对应的实验结果与对比分析。第 10 章是基于暗通道理论的水下偏振图像复原算法，主要阐述了偏振图像去模糊、目标反射光的偏振复原、自适应对比度增强与颜色校正、对应的实验结果与对比分析。第 11 章是基于色彩迁移的半全局水下图像复原算法，主要阐述色彩迁移算法分析、水下色彩衰减水平估计模型、对应的实验结果与对比分析。

本书所涉及研究得到众多科研机构的支持，其中特别感谢国家自然科学基金项目（61573128，61801169），以及常州市重点研发计划（应用基础研究）项目（CJ20200061）的大力支持。研究生周仲凯、王啸天、巫鹏、陈建跃、顾丽萍、汪耕任、冶舒悦、张颢等参加了本书部分章节的资料收集、整理等辅助性工作，谨向他们表示衷心的感谢！

由于作者理论水平有限以及研究工作的局限性，特别是图像增强与复原处于不断发展之中，书中难免存在一些不足，恳请广大读者批评指正。

作 者

2021 年 4 月

目　　录

据

第1章 绪　　论

1.1　研究背景及意义

随着全球人口数量的激增、经济和科学的迅速发展，陆地上的各种资源(如石油、煤矿、木材)不断被消耗，已满足不了人类日益增长的需求，所以人类开始越来越重视水下资源的开发与利用。江河中蕴藏着丰富的水生物资源，湖海中则蕴藏着丰富的石油、天然气和煤矿等社会发展不可或缺的能源，而且种类繁多的海洋生物资源也有待研究和开发。因此水下探测技术正处于一个举足轻重的地位，水下目标清晰化就显得越发重要。目前，水下探测技术已有广泛的应用，如坝堤和坝体的裂缝检测、水下管道检测、海底地形勘探、水下考古探测、水下鱼雷潜艇跟踪、水质环境检测以及海洋生态保护等。

基于可见光的视觉探测技术多应用于小范围、近距离的水下目标场景，且要满足高精度的接收数据需求，如海洋石油平台检测和油管裂缝检测等。一般地，视觉探测技术获取到的水下图像或视频包含的信息量更加丰富，加上更加直观的表现方式使视觉探测技术有着无可替代的地位，如通过对水下大坝底部进行测试获取的数字图像信息，可以获知大坝是否存在裂缝。

图像的质量会直接影响人眼或者机器对获取图像的计算、识别、分析和理解的准确性。但是观测设备的成像质量在水下常受到诸多因素的影响，致使获取的图像存在一定程度的退化，如图像散焦模糊、相机抖动产生的模糊、大气湍流、光电传感器的非线性映射以及水体的吸收散射等。大部分机器视觉系统都需要准确清晰地提取图像的特征来进行后续的处理，但是一般系统对光照环境非常敏感，尤其是在水下环境中，图像特征不明显会导致特征提取失败。目标反射光在从反射点传播到成像点的过程中会受到介质中悬浮颗粒的散射和反射作用，导致成像系统的性能明显下降甚至无法正常作业，获取的图像特征模糊不清。水下环境作业由于水下光线较暗，往往需要辅助点光源，所获取的图像就会存在光照不均匀现象，水下影像主要受到水体对光线的吸收与散射效应、水体浑浊度、光照条件等因素的影响。水下环境作业也会遭遇光照不均，光照不均匀增加了检测工作的难度，因此，对光照的处理成为视觉检测工作的一个重要环节。匀光处理是针对存在光照不均匀现象的图像消除光照负面影响、实现光照均衡的过程。

　　另外，水分子对传播光线具有选择性吸收的特点，导致获取到的水下图像存在颜色失真的问题。一方面，因为不同波长的光线在水中传播时的衰减程度不相同，其中蓝光的波长较短，在水中衰减较弱，传输性能较好；而红光的波长最长，在水中衰减最严重，传输性能最差，所以水下图像的色调大多为蓝色或绿色。另一方面，水分子和悬浮颗粒会与全局背景光发生后向散射作用，导致水下光学成像的过程中有许多杂散光一并进入成像设备，因此水下图像通常存在一层类似雾霾的纱状物，这是导致水下图像模糊和对比度低的主要因素。而且不同的水下环境的后向散射程度也不尽相同，进一步加大了去除这一层纱状物的技术难度。通过以上分析，水下图像通常存在边缘细节模糊、对比度偏低和蓝绿色分量偏重的问题。为了提高视觉系统在恶劣环境下的实用性和鲁棒性，有必要对采集到的水下退化图像进行增强处理。

　　近年来，随着机器视觉技术及相关技术的迅速发展，使用传统图像处理技术和深度学习等方法提高水下图像质量，并满足机器识别的需求已成为社会关注的热点问题。一般地，用于水下图像复原的方法可分为两类：水下图像增强算法和基于水下光学成像模型的水下图像复原算法。

　　水下图像增强算法不过多考虑成像过程中图像的退化，通过改变图像像素灰度值来调整图像的视觉效果，只使用定量的客观标准衡量提升效果来达到优化图像的目的；适用性高，可以显著地提高水下图像的对比度、增强图像场景边缘细节和改善图像的清晰度，但会损失一定的高频部分信息。水下图像复原算法着重于恢复目标反射光原有的特性，算法一般先对图像退化的物理原理进行分析研究，再对图像退化过程建立水下光学成像模型，根据模型计算或估计其中的未知参数，最后通过参数反演成像模型，并对图像失真进行补偿，获得没有被散射、吸收及其他因素干扰的目标反射光或其最优估计，从而提高水下图像的质量。图像复原算法需获取各种参数来建立数学模型，如衰减系数、水体透射率、相机参数、背景光强度以及景物距离等，这些参数一般可以通过直接测量或其他手段估计得到。复原算法针对性较强，恢复效果自然，较少产生信息丢失。

1.2　国内外研究现状

　　随着计算机软件和图像采集系统的发展完善，水下图像增强算法的实时性和增强效果也获得了很大的提高。多年的研究表明，水体的散射和吸收作用造成光的衰减，目标与成像设备之间的悬浮物增加了图像噪声，人造光源的非均匀光照以及水体微粒对光的后向散射造成水下场景模糊并降低图像的对比度等是限制水下成像距离和图像质量的主要原因。

在水下复杂环境中，水中悬浮颗粒的不规则运动、水质区域性差异、水体微粒对光的后向散射、光线随着水深的衰减以及水介质对光线的吸收均比较明显，水下设备所成的像不经过一定的增强或者复原处理几乎不能直接在实际中使用。而且图像质量还会随着水下环境的变差而衰减，只有当处于光照条件充足、微粒较少的良好水体中所成的像才较清晰。但是，随着水污染的加剧，水中形式各样的微粒、微生物含量增大，水体质量逐渐恶化，导致成像质量总体比较差[1]。而高质量的水下图像在科研、经济和军事等多个方面都有非常大的需求。虽然目前存在大量对天空图像去雾进而复原图像、改善图像视觉效果的方法，但由于水下环境的复杂性和特殊性，天空图像处理方法不能完全适用于水下图像的去模糊和颜色修复，而现有的较广泛使用的水下图像增强算法在某些方面仍存在问题，因此，开展水下图像增强和图像复原算法研究具有重要意义。

水下图像增强方法大致可以分为两类：空域法与变换域法。空域法是以灰度映射为基础，直接对图像像素进行操作，如图像对比度增强、图像灰度层级改善等。其中传统的增强图像对比度的方法有直方图均衡化[2](histogram equalization，HE)与限制对比度自适应直方图均衡化[3](contrast limited adaptive histogram equalization，CLAHE)、灰度边缘假设[4]、白平衡[5]以及灰度世界法[6]等。这些常用的图像增强方法对于普通图像效果较好，但对水下图像增强效果不理想。HE会在处理图像过程中放大噪声并引入伪影，降低图像质量；由于水下图像对比度低、边缘细节不明显，灰度边缘假设在处理水下图像时容易失效；在光照不充分的条件下，白平衡和灰度世界法会使图像颜色产生严重的失真。所以空域法在增强图像效果的同时，也存在颜色失真、产生伪影以及放大噪声的问题。变换域法是通过一些变换规则将图像从空域变换到频域、小波域等其他特征域，再利用变换域的特性进行相应的图像增强，最后重新转换回空域得到增强图像。小波变换[7-9]在处理水下图像时，可以去除图像噪声，但不能解决图像模糊、对比度差和颜色失真的问题。对于水下特殊且复杂的光照环境，只依靠变换域无法得到理想的增强结果。

对于水下图像增强算法的研究，主要有颜色校正方法和综合型方法。Chambah等[10]基于Land[11]的Retinex理论，考虑到人工辅助光源的影响，提出了水下彩色恒常理论，在水下图像颜色恢复上有较好的鲁棒性和非监督性，能有效地进行水下图像特征提取和分割。Retinex 理论与物体表面的反射特性有着密切的联系,而与物体表面所受的光照特性关系不大;其本质是从一幅图像中获取物体反射光,从而达到图像增强的效果。许多学者[12-15]通过改变光照条件或者对水下光照进行处理来对其进行改进,其中常用的有多尺度视网膜增强(multi-scale Retinex,MSR)算法[16]、带色彩恢复的多尺度视网膜增强(multi-scale Retinex with color restoration,MSRCR)算法[17,18]等。Torres-Méndez 和 Dudek[19]通过马尔可夫随机场(Markov random fields,MRF)分析真实的水下目标反射光与获取的水下失真图像的关系,利用统计先验的方法对图像颜色进行恢复,实验表明该方法能有效地应用于不同的水下场景。Bazeille 等[20]提出了一种融合同态滤波、小波去噪、各向异性滤波和 HE 的水下图像增强方法,用于提高水下图像的质量。Iqbal 等[21]提出了一种基于直方图滑动拉伸的水下图像增强算法,该方法能够简单有效地解决水下图像对比度丢失和颜色衰减的问题;该团队还提出了一种用于水下图像的非监督式色彩校正方法(unsupervised colour correction method,UCM)[22],该方法基于 RGB 和 HIS 颜色空间的色彩平衡和对比度校正,有效地去除了图像中较重的蓝色分量,提高了较低的红色分量,并改善了水下图像的低照度和颜色异常的问题。石丹等[23]提出了一种基于非下采样轮廓小波变换和 MSR 的水下图像增强算法,显著地解决了水下图像边缘细节模糊、噪声明显和对比度低的问题。Ancuti 等[24]分别将经过颜色校正和对比度增强后的两幅图像进行融合,提高了水下图像和影像的清晰度、暗区域曝光效果,消除了图像中较明显的噪声。杨淼和纪志成[25]提出了一种基于模糊形态筛和四元数的水下彩色图像增强算法,改善水中非均匀光照的影响,恢复场景色彩,并通过增加目标与背景的差异提高水下图像对比度。Çelebi 和 Ertürk[26]根据经验模态分解算法增强水下图像和影像的视觉效果。陈从平等[27]将前景目标从背景中分离,并对前景目标进行同态滤波处理,增强图像高频细节分量的同时抑制模糊的低频信息。Henke 等[28]基于颜色恒常理论对水下图像的颜色失真进行修正,解决了 Retinex 理论应用于水下时存在的问题。Fu 等[29]运用水下图像颜色校正、颜色恒常理论、自适应光照分量增强等相结合的方法进行水下图像增强。Kan 等[30]根据水体对不同波长的光具有不同的吸收作用进行图像的颜色恢复。Ji 和 Wang[31]根据图像结构分解的优势,去除了水下图像非均匀光照的影响。Li 和 Guo[32]通过水下图像去模糊、HE、颜色补偿、光照强度和饱和度拉升以及双边滤波器滤波等一系列的处理达到提高图像亮度、清晰度、颜色分布和抑制噪声的目的。Abunaser 等[33]基于粒子群算法对水下图像进行增强,降低了水体吸收作用和后向散射产生的图像模糊。水下图像增强算法的研究总体上都围绕着图像去模糊、远处景物对比度增强和颜色恢复进行。

对于水下图像复原算法的研究，研究人员也进行了很多尝试和创新。Trucco 和 Olmos-Antillon[34]根据文献[35,36]中建立的水下光学成像模型，提出了一种自适应的水下图像滤波算法，能够有效地减少散射光的影响。Hou 等[37]认为水下图像表面的雾状模糊是由水体微粒对光的散射引起的，结合传统的图像复原方法与水下图像的特性，对散射参数进行估计并反卷积得到水下复原图像。Carlevaris-Bianco 等[38]根据不同波长的光衰减系数不同的特点，对场景深度进行估计，再去除散射光对成像的影响进行图像复原。张赫等[39]将大气湍流模型应用于水下图像复原，得到较为清晰的图像和良好的图像分割效果。Chiang 和 Chen[40]结合天空图像去雾算法的优势和光波长与衰减系数的关系进行水下图像复原，降低了人造光源所产生的非均匀光照的影响，并显著改善了图像的质量。Lu 等[41]针对水下图像存在的散射光照模糊和颜色失真的问题，提出了一种双边三角滤波和颜色恢复算法相结合的方法对图像进行复原。Wen 等[42]通过建立新的水下光照成像模型，对光的散射参数和后向散射进行估计，并逆推模型得到复原图像。Serikawa 和 Lu[43]通过能量的形式对图像的退化进行补偿，降低了图像的颜色失真和模糊。Galdran 等[44]根据暗通道去雾模型[45]，提出了红信道方法进行图像对比度的恢复，算法能够较好地复原水下图像颜色且去除人造光源产生的影响。Lu 等[46]根据推导的水下光照成像模型，通过对波长进行补偿的方式对复杂水体下的图像进行复原。Zhao 等[47]通过水体的光学特性与水下图像退化之间的关系，将水体的光学属性从水下图像的背景中分离，再反演成像模型得到清晰的水下图像。Li 等[48]提出一种图像复原方法用于去除水下的图像雾状模糊和颜色失真，实验效果显著。其另一项成果根据水体对各个颜色的光衰减程度不同，提出了一种针对蓝绿通道去雾和红通道校正的复原方法：先对蓝绿通道进行基于暗通道理论的图像去雾处理，再用灰度世界法对红通道进行颜色校正，最后进行自适应曝光得到复原图像。

此外，近些年随着深度学习网络的快速发展，基于仿造生物视知觉机制构建的卷积神经网络(convolutional neural network, CNN)也已成功地应用于图像分类、目标识别、目标检测等多种视觉任务中，且性能远优于其他传统方法。但在水下图像复原应用方面，深度学习需要清晰的水下图像和降质的水下图像构成的训练数据集对，且该数据集对必须在同一场景和同一水环境参数下，所以收集数据集对十分困难，导致国内外将卷积神经网络应用于水下图像复原的研究很少。

可以看出，现今研究者大多从水下图像去模糊、对比度增强、颜色校正和成像模型改进等方面入手进行水下图像增强和图像复原方法的研究。下面针对几种经典的图像增强和图像复原理论进行综述。

1.2.1　基于暗通道理论的图像复原算法研究

2009 年，He 等[49]通过对大量天空图片的研究，发现清晰图像大部分像素点的 RGB 颜色通道中至少有一个颜色通道的灰度均值较低且接近于零，据此提出了暗通道先验(dark channel prior，DCP)理论。该方法对于天空图像的去雾效果显著，在天空图像去雾方面有着一定的突破性，不过当图像中不存在天空区域或直接应用水下图像处理时去雾效果欠佳。许多学者针对透视率图修正和暗通道的获取方法将其进行改进，取得了一定的效果。由于运用软抠图法[50]细化透射图的复杂度较高、运行时间较长，He 等[49]又提出了指导性滤波法对粗透射率图进行细化，利用有雾图像作为引导图像，通过对暗通道先验估计得到的粗透射率图进行指导性滤波达到精细化的目的，该滤波方法能够大幅度提高去雾的速度，且较好地保持原雾图中的边缘信息，但在边缘处易出现光晕。

为了降低算法时间复杂度，提高暗通道先验去雾算法的整体运行效率，大量学者对优化粗透射率图进行了深入的研究以获取更精细的透射率图。胡伟等[51]基于透射梯度优先规律优化软抠图法，通过多分辨率处理降低算法时间复杂度，但升采样时未考虑原始边缘纹理信息，导致在场景深度较大变化处容易产生光晕，运行时间仍不理想。Meng 等[52]根据边界限制条件进行粗透射图的估计，并对粗透射图构造正则函数进行模糊处理，虽然处理速度有较大的提高，但容易引起白色物体的颜色偏差。针对暗通道先验理论应用于遥感图像复原时所产生的颜色失真和实时性差的问题，周雨薇等[53]提出了一种暗通道去雾与双边滤波相结合的遥感图像复原方法，用双边滤波替代耗费大量存储和运行时间的软抠图法，有效地降低了暗通道去雾算法的运行时间，提高了遥感图像的对比度。此外，还有大量研究人员对光学成像模型进行优化，从图像退化过程上改进算法。Tarel 和Hautière[54]利用中值滤波近似估计大气耗散函数，虽然算法的时间复杂度有所降低，但中值滤波会将丢失大量边缘细节的图像做平滑处理，导致复原图像对比度不佳。Gibson 等[55]为解决暗通道先验在图像局部区域失效的问题，利用中值滤波修正暗通道，并从图像中分离出天空区域，再通过特别处理起到了防止发生图像色偏的作用；由于该方法无须对透射图边缘进行优化，计算复杂度得到了很大程度的降低，但图像容易出现黑斑效应，复原效果有待提高。由于目前并未有一个鲁棒性较好的背景区域识别方法能够适用于所有模糊图像，因此大部分方法识别出的图像背景不够精确，容易造成复原图像在前景与背景区域交界处变化不自然，影响了复原结果的视觉效果。

从应用场景出发,在水下图像复原领域,来自清华大学和香港中文大学的两位学者[56]根据光在空气与水介质中的相似传输特性,将暗通道去雾算法应用到水下图像复原,较好地恢复了水下图像的颜色和对比度。为了适应水下环境,台湾成功大学的研究人员[57]进一步改进暗通道理论,并在去雾算法后添加了颜色和对比度提高环节,得到的水下复原图像更加清晰,颜色效果更加自然。马金祥等[58]提出了一种暗通道先验的大坝水下裂缝图像复原算法,较好地解决了水下大坝裂缝图像对比度差、信噪比(signal-to-noise ratio,SNR)低和非均匀光照等问题。杨爱萍等[59]针对暗通道先验运用于水下环境中遇到的诸多问题,利用光在水中传播的衰减特性,提出了一种适用于水下图像颜色失真恢复的方法,并根据水体对光的选择性衰减的特性分别对各颜色通道的透射率进行修正,最后对背景光估计方法进行改进,获得目标反射光图像,有效地避免噪声、人工光源和较亮物体等因素的影响。Peng 等[60]基于暗通道去雾方法,利用图像模糊估计场景深度图,再根据成像模型复原水下图像。Fan 等[61]通过水下图像的暗通道估计水体三维透射率图,并对去模糊图像进行自适应对比度增强和颜色校正,复原得到水下清晰图像。Mallik 等[62]将暗通道先验与限制对比度直方图均衡化相结合,提高了水下图像的质量和对比度,但是复原的图像颜色效果有待改进。

综上所述,暗通道先验理论运用于水下图像处理时可以去除图像模糊,提高图像对比度和颜色分布,但是在水下应用时还存在以下问题:水下环境比天空复杂,暗通道先验去雾算法不能很好地考虑水体对光的选择性衰减特性和微粒的散射特性。现有细化透射率图算法时间复杂度较高,导致算法整体执行时间较长,不能满足图像处理中实时性的要求。大气耗散模型与水下成像模型存在差异,天空图像退化过程不能完全适用于水下特殊成像环境条件。

1.2.2 基于偏振成像技术的图像复原算法研究

偏振是光的基本特征,偏振光在生活中处处存在,由于地球大气、地物目标、水下场景等的偏振敏感特性,偏振成像技术在目标检测识别、信息提取分析等方面有着普通光学成像所不具备的优势,具有乐观的应用前景。在水下光照较差的条件下,通过单幅水下图像恢复出来的结果还容易受光线变化的影响,近年来,基于多幅多角度水下偏振图像的复原方法逐渐成为研究热点。偏振复原技术根据目标反射光与后向散射之间的不同偏振特性,即目标反射光的解偏振度大于悬浮粒子(水分子、微粒、微生物等)的后向散射光解偏振度的原理,利用偏振技术去除水中微粒散射光的影响,从而提高水下采集图像的对比度和清晰度。在深海水下成像应用中,一般以圆偏振光或者线偏振光作为光源,并在成像设备镜头前配置圆偏振器或线偏振器,利用后向散射光和目标反射光解偏振度的差异,去除背景光,从而达到提高海底图像对比度的目的[63]。为了准确解译隐藏于图像中的偏振状态信息,要求偏振成像技术具有多光谱、多角度的信息获取能力,并保证高精度的偏振图像数据。因为偏振成像具有可以获得与场景自身特性相对应的偏振信息等普通光学成像不具备的特点,所以通过分析目标的偏振信息能够更加准确地识别目标,在云和大气气溶胶的探测、海洋开发、农牧业发展、军事和地质勘探等诸多领域均具有很高的应用价值。随着偏振成像数学模型的细化发展、偏振探测设备性能的提升,光学偏振探测成像技术得到了越来越广泛的应用。

自缪勒矩阵、斯托克斯参量以及米氏散射等基础偏振理论提出以来,从偏振技术的应用研究历程来看,研究人员探索了可见光与红外发射辐射、热辐射经过目标反射辐射的偏振特性、偏振机理和存在的问题,并进行了大量光学偏振标定、偏振信息建模以及偏振探测相关的实验研究,系统地分析了自然地物(水体、地面、植被等)、人工目标、大气的偏振特性[64]。中国科学院安徽光学精密机械研究所、北京理工大学、中国科学院上海技术物理研究所以及西北工业大学等机构都对偏振成像做过相关研究,并取得了一定的成果。国外研究人员对偏振成像技术探索获得的主要成就体现在:①提高系统对目标偏振特性的感知与识别能力;通过直接增强偏振图像或图像偏振可视化信息的融合来增强对目标的探测识别、目标偏振特性的感知理解。②通过偏振照明、线偏振和圆偏振技术去除背景光的影响,减少偏振成像过程中的干扰,改善目标图像的视觉效果[65]。

根据不同物体解偏振度的差异,都安平等[66]基于不同物体表面的导电特性差异能对入射光偏振态产生不同的影响,而斯托克斯矢量、偏振度和偏振角等偏振态的可视化参数之间存在互补冗余性,提出了一种融合图像能量特征与偏振特征的图像增强算法,实验表明该方法在图像增强上具有不错的效果。赵永强等[67]根据光学基础偏振理论,利用斯托克斯图像之间的相关性,在小波域中将斯托克斯图像的噪声特征和能量特征进行融合,实验表明该方法在图像的杂乱背景压缩上具有很高的效率,但该背景压缩技术使用的被动偏振成像技术容易受到光照、天气等自然因素的限制。Gypson 等[68]基于物体表面对不同偏振状态的光吸收程度不同,使用四路不同偏振态的激光照明目标,根据偏振成像技术减少环境光后向散射的影响,提高图像的对比度。周强等[69]根据偏振理论,获取多源红外偏振图像,通过融合图像的偏振度和红外光强图像增强图像信息,提高图像对比度,增加探测识别目标的概率。方帅等[70]针对在雾天图像中较难提取图像颜色、纹理和亮度等特征进行场景分割的问题，使用去相关的方法将目标偏振度从图像偏振度中分离，提出了将图像场景深度、目标偏振度和颜色组成的特征矢量用于图像分割的方法，具有更好的有效性和鲁棒性。汪杰君等[71]为了抑制雾天图像的降质，提出了一种基于大气耗散模型和偏振图像暗通道先验相结合的雾天遥感偏振图像去雾方法，准确地分割出天空区域，改善了雾天偏振图像的质量。

随着水下成像研究的深入，对于水下偏振复原算法的研究也逐渐成为研究热点。早期，Cronin 等[72]和 Shashar 等[73]使用便携式偏振图像分析设备，利用部分线偏光技术对水中物体、生物以及水下场景构建偏振状态分布图。在水下偏振成像基础理论研究上，曹念文等[74]阐述了水下偏振成像技术与成像距离、清晰度的关系，定量地推导出水下偏振成像系统的成像质量与目标距离的关系式，证明了偏振技术可以有效地增加水下成像距离和提高图像清晰度，为后续的偏振成像研究奠定了理论基础。Tonizzo 等[75]利用自制的高光谱和多角度偏振器，在不同的观测站、大气条件和水质中对水下偏振光场进行了测量，获得了沿海水域偏振特性的测量结果，发现偏振度大约在散射角度为 100° 时达到最大，且在所有环境中都不大于 0.4，但在阴天条件下只有 0.2。随着成像设备的发展，Zhao 等[76]针对被动成像的缺陷，发现使用人工光照补偿照明或者 He-Ne 激光照明，能显著提高水下的能见度和成像距离。Huang 等[77]将目标反射光的偏振加入成像模型进行考虑，通过目标偏振差分图像对偏振图像进行复原，有效地复原得到在人工偏振光照补偿下水中人造物的反射光图像，改善了水下偏振图像的质量。但是，该方法只对金属和塑料进行实验，未考虑其他解偏振度高的物体的反射特性，对于真实水下场景等非金属目标的复原效果可能存在偏差。

总体上，结合偏振图像复原技术和传统的图像增强技术，可以有效地消除杂散光和散射光对成像的影响，改善图像的视觉效果，便于后期图像处理。但光学偏振效应的发生机制较复杂，偏振理论的完善、偏振探测原理的定量化以及偏振技术应用范围的扩展仍需进一步探索加强。通过偏振成像技术进行目标探测识别、图像增强和复原具有良好的发展前景。

1.2.3　超分辨率重构算法的国内外研究

采用图像超分辨率重构技术对水下低分辨率图像序列进行处理，如果可以使得水下图像的分辨率更高、信息量更大、特征更鲜明，就可以便于研究者对图像内容的后期研究和分析。然而，目前数字图像的超分辨率技术在水下环境中的研究应用少之又少，其主要原因是水下光学环境更复杂，对成像影响也更大，从而导致数据质量低下；除此以外，水介质对图像降质作用的影响也更难以估计。但是，若能将图像超分辨率重构算法应用于上述应用场合，从而提高水下构筑物表面裂缝、水下生物等图像的质量，将对提高海洋经济效益、保障人民生命财产安全和国防安全等做出突出贡献。

Li 和 Orchard[78]提出了一种用图像边缘对插值算法进行指导的方法。该算法先将低分辨图像中局部区域的协方差计算出来，再用估算出的协方差来指导高分辨率栅格上未知像素区域的插值。Zhang 和 Wu[79]为了学习图像中局部区域的结构特征，使用了自回归模型，并且基于此提出了软决策的插值重构方法概念。随后，Zhang 和 Wu [80]又将这种改进后的基于局部特征指导的超分辨率重构方法与非局部均值法[81]相结合，又一次对插值重构算法进行了进一步的改进。Wong 和 Siu[82]在上述方法的基础上，为了优化局部区域选择策略，提出了一种能够自适应地对局部窗口进行选择的方法，这种方法很好地克服了对图像进行固定划分所带来的局部区域中结构信息反映不真实的缺陷。从直观上来看，图像的对比度越强，其边缘区域也就越明显。基于此，Wei 和 Ma [83]使用对比度这一参数，对图像的插值重构进行指导。近些年流行的机器学习也被应用到图像的插值重构中来，文献[84]介绍了一种基于稀疏表示的方法，该方法使得插值重构的效果较上述方法都有了很大的提升。

不同于建立在假设图像局部不存在像素值阶跃上的插值重构算法，用图像的局部特征对插值重构进行指导的算法在提高重构图像质量的同时，付出的代价就是计算过程中时间成本的迅速增加。Li 和 Nguyen [85]提出了一种能够提升算法执行效率的方法。从图像的整体上来看，图像中不存在像素值阶跃的区域还是占了大部分，而有结构特征的像素值阶跃区域的面积只有很小一部分，所以对图像全局用图像边缘或者结构信息进行指导的插值算法必定会增加运算成本。因此，可以对两种区域分别使用两种不同的插值方法，在不牺牲重构结果质量的条件下同时提高算法的执行效率。

近年来一种能够比传统的插值重构算法更大幅度提高重构结果质量的算法成为研究热点，它就是基于学习的图像超分辨率重构算法。该方法将高、低分辨率的图像都分成若干面片，根据学习两种图像对应面片内的特征，用其中的细节关系来指导图像的超分辨率重构过程。在对图像进行重构操作时，首先，要对高、低分辨率图像都进行分割，得到一系列的面片，并且同一幅图像所得的相邻面片之间要存在一定的重合区域。然后，对各个面片内的特征进行学习和表征，通过高分辨率图像面片的特征去寻找低分辨率图像面片中与该特征相似的面片或者面片集合。接着，根据高低分辨率图像面片特征之间的对应关系，来预测低分辨率面片对应的高分辨率面片的估计值。最后，将各个估计值根据面片中的重合部分拼接在一起，得到重构图像。

这种基于学习的方法需要大量的训练数据。根据训练数据集的来源分类，可以分为外部学习数据集[86-93]和内部学习数据集[94-97]。因为重构所得图像与输入的低分辨率图像或者图像序列之间的结构上存在着相似性，所以基于内部学习数据集的超分辨率重构算法可以建立在这个理论之上。Zontak 和 Irani[98]对图像的多尺度自相似性进行了非常严谨和细致的理论推导和证明，为基于内部学习数据的重构方法奠定了理论基础。Freedman 和 Fattal[94]提出，要想获取存在尺度相似性的面片，可以在面片所在区域的范围内进行搜索。这种方法大大降低了面片特征学习后对相似面片的搜索范围，带来的效果就是算法执行效率的大幅度提升。然而，每一个面片内的特征都各不相同，总是存在着输入的图像内具有相似特征的面片无法被搜索到的情况，为了克服这一问题，就需要建立外部图像面片特征学习数据集，但是增加额外的学习数据会大大降低算法的运行效率。Wang 等[99]基于此提出了同时根据外部学习数据集和内部学习数据集进行图像的超分辨率重构方法，以此来提高算法的学习能力并且降低时间成本。

流形学习的概念近年来得到了很大的发展和推广。Chang 等[100]提出了一种基于流形学习理论的图像重构算法。该算法使用局部嵌入的思想，提出当训练样本达到一定规模时，流形空间中的每一个样本面片都可以用与之相邻的面片集合进行线性的表示。根据高、低分辨率图像的尺度相似性，由高分辨率面片和低分辨率面片分别构成的流形空间是相似的。也就是说，如果想要表达低分辨率面片集合中的某一面片与其邻域内面片之间的线性关系，可以套用高分辨率图像面片中线性表达系数。具体应用到超分辨率重构领域，可以先对低分辨率图像面片组成的流形空间计算低分辨率面片的局部几何结构，并将这种结构投影到高分辨率图像面片组成的流形空间中，然后再用两个流形空间公用的线性组合来估计低分辨率面片所对应的高分辨率面片。在这个基础上，Bevilacqua 等[92]进行了算法上的改进，在局部嵌入法中加入了一个约束条件，也即对面片之间的关系进行线性表示时，其系数应该是非负的。但是，局部嵌入的方法对面片邻域的敏感度很高，邻域过大会带来过拟合的现象，邻域过小则会造成欠拟合，这两种现象会对重构所得图像的质量造成严重的影响，使得图像面片无法很好地融合。

针对上述图像重构算法存在的运算成本高和邻域选择困难的问题，Yang 等[101]

提出了新的改进方法。主要改进理论来源于压缩感知理论，为了简化数据学习的训练样本集，得到一个能够提高算法效率的学习字典，该方法对图像信息进行了稀疏表示。学习字典中的每一个元素被称为字典原子，被稀疏表示后的图像信息可以从学习字典中自适应地寻找原子构成对应的集合，从而更加高效而准确地预测高分辨率面片。在重构结果上，与预先设定好邻域面片数量的方法相比，这种重构方法所得图像边缘更为锐利，纹理更为清晰。然而这种方法也有其固有的弊端，即对信号进行压缩感知时，约束稀疏表示的条件是非凸的，这需要花费大量的运算时间对信号的稀疏表示进行优化。为了优化稀疏表示并提高运算效率，Timofte 等[88,91]对学习字典进行了基于错点邻域回归理论的优化处理，以此来提高重构算法的执行效率。

通过建立训练数据集，基于学习的图像超分辨率重构算法能够根据输入的观测数据很好地重构出符合训练数据集中图像退化模型的高分辨率图像，但是实际场景中获取的观测数据的重构结果却不够精确。这是因为这种方法得到的图像退化模型只适用于训练集中的图像，符合这个模型的观测数据重构出的图像质量较高，但是如果输入的观测数据经历的退化模型与训练数据集所得到的图像退化模型有出入，重构结果质量就会大大降低。实际的应用场景中，往往不能得到该场景下的高质量的高分辨图像，从而无法建立数据集来供算法学习，也就不能得到对应的退化模型。基于上述弊端，Begin 和 Ferrie[102]提出了盲超分辨率重构算法，该算法能够根据一种条件回归的模型处理各种图像退化模型影响下的观测数据，达到很好的重构效果。

除了基于插值和学习的超分辨率重构算法，还有一类图像重构算法，它们是建立在低分辨率图像质量退化模型的基础上的。这种方法基于高、低分辨率图像之间存在的一致性，建立从原始高分辨率图像到实际观测数据的图像质量退化模型，再根据模型进行图像的超分辨率重构。与基于学习的图像超分辨率重构算法相比，该类算法对图像退化模型进行了研究并且建立了具体的表达形式。图像的超分辨率重构问题其实是一个非常复杂的病态问题，造成其病态性的原因是约束条件的复杂性和解的不确定性，也就是观测数据从原始的高分辨率图像退化到低分辨率图像的过程中经历了非常复杂的光学和信号处理过程，并且该过程在实际场景中是未知的。而对于同一幅低分辨率图像，根据退化模型的不同，对高分辨率图像的估计也可以有不同的解，甚至在退化模型相同的情况下依然如此。此时，图像的先验知识成为至关重要的约束条件，根据图像的先验知识，可以大大降低图像质量退化模型的复杂度，从而解决重构问题的病态性。

对于各种基于图像质量退化模型的超分辨率重构算法，即使是同一个模型导致的图像退化所得的观测数据，其重构结果的质量也会有很大差别，原因在于对图像先验的估计方法。图像中的先验知识需要对原始高分辨图像进行很好的描述[103,104]，而对低分辨率图像进行描述的图像先验知识对于重构算法结果质量的提高并无太大帮助。一种非常简单直观的图像先验理论就是将原始高分辨率图像中的梯度假设为高斯分布，利用这种图像先验所带来的优势是非常容易对其进行优化。Xu 和 Jia[105]根据这种先验来估计图像退化模型中因为相对运动而产生图像模糊的模糊核，该算法的优点在于实现简单、算法执行效率高。除了图像质量退化过程中的模糊核，还可以假设成像过程中的加性噪声也服从高斯分布。在这一假设的条件下，对高分辨率图像的估计就被转换成了一个凸优化的问题，而凸优化问题的优势是解的形式的封闭性。假设图像先验服从高斯分布的方法虽然能够克服重构问题本身固有的病态性，但是这种假设过于简单，不能对现实场景下的高分辨率图像进行准确的描述[106]，从而导致重构结果模糊化非常严重。针对图像先验模型估计的问题，大量学者提出了新的或者改进的方法，对重构结果的质量起到了很大的提升作用。通过观察大量高质量的高分辨率原始数据，学者发现这些数据的图像梯度存在着单峰和长拖尾的特性。也就是说，高质量自然图像中只有很小一部分的像素拥有较大的梯度幅值，而绝大多数的像素的梯度幅值并不高，这部分像素对应于图像不含特征信息的平滑部分，因此用稀疏先验来表达更为准确。稀疏先验来表达图像质量退化模型的优势在于在此基础上进行重构的结果图像边缘锐利，噪声得到了一定程度的抑制。但是与高斯先验模型相反，该算法在后期的优化方面有较大的困难。

为了得到能够更加真实地描述高质量图像先验的模型，Sun 等[107]提出了一种用图像边缘先验对图像超分辨率重构进行指导的算法，该算法使用的先验知识来源于对大量高质量图像梯度数据分析后建立的统计模型。该模型指导下的重构算法能够有效保持图像边缘的锐利。但也正是由于建立了固定的统计模型，对于噪声干扰严重或者不服从该统计模型的观测数据，该算法并不能得到高质量的重构结果。为克服统计模型带来的限制，一些研究者结合图像处理的方法[108-110]对重构算法进行改进。

上述重构算法的一个共同点是对高质量的图像先验需要建立一个普适的模型，但是对先验知识的研究又受制于选取的高质量图像集本身，这样的矛盾制约了图像先验知识在图像超分辨率重构领域的应用。与此同时，对图像质量退化模型本身特性的研究相当匮乏。在光学成像系统对景物成像时，无论原始高分辨率图像本身具有怎样的先验知识，在成像过程中都会经历光流偏移、镜头和介质模糊及感光元件的降采样过程。尤其是镜头和光线传播介质对图像造成的模糊，对图像质量退化模型的建立具有重大影响。一些基于模型的超分辨率重构算法将这种模糊简化为空间不变的模糊核，通过将模糊核与原始高分辨率图像进行卷积运算得到模糊后的图像。即使图像的先验模型十分粗糙或者不准确，但当选取了一种与真实成像过程中的模糊过程相近的模糊核时，对低分辨率图像序列进行重构后的结果仍然能够取得较高的质量。在实际应用的场景中，光线从物体反射到设备成像过程中，各种因素所造成的图像模糊效果并不可知。所以为了突破图像先验模型对观测数据的限制并且提高超分辨率重构结果的质量，对图像质量退化模型的研究是非常有效的一种方法。

图像的超分辨率重构算法经历了长时间的发展，并且很多算法在一些场景下取得了良好的效果，但是在水下场景的应用上，目前的研究成果还比较少。如何准确地建立低分辨率图像的质量退化模型并对其进行有效的估计是当今超分辨率重构算法在水下场景应用中遇到的最大挑战。因为不同于大气成像环境，水下光学环境的复杂性也给该环境下图像的退化机制带来了极大的不确定性。这种复杂性和不确定性给基于退化模型图像超分辨率重构算法在水下场景的应用带来了巨大的挑战。光线在水介质中传播时，会产生散射效应，尤其是后向散射部分。这种传播特性严重地影响了水下图像的成像质量，导致水下图像的清晰度降低、对比度下降、细节特征更加模糊。但是，不同水质的水体中，光线传播的特性差异巨大，在不确定噪声模型和光学传播特性的情况下，现已得到充足发展的基于模型的图像超分辨率重构算法都无法取得好的效果。

1.3　本书的主要内容

(1)针对现有的低分辨率图像退化模型不适用于水下环境的问题，本书结合水下光学成像模型，提出了水下低分辨率图像退化模型，使得模型不仅能够反映高分辨率图像在成像系统内的退化过程，更能将光线在水介质中的吸收和散射作用反映在其中，计算机仿真结果表明该模型生成的低分辨率水下图像序列与真实的水下图像特征相符。该模型的建立为现有超分辨率重构算法在水下的应用打下了模型基础。

(2)针对现有超分辨率重构算法无法处理水介质对图像造成降质的问题，本书改进了现有的超分辨率重构算法。该算法用暗通道先验方法对观测数据进行分析，得到水下低分辨率图像退化模型中的关键参数，再结合参数对观测数据进行基于该模型的重构。实验显示本书算法在提高图像分辨率的同时，能够有效应对水介质对图像造成的模糊和对比度下降等问题。

(3) 研究了运用暗通道去雾算法进行单幅水下模糊图像复原的问题。针对暗通道去雾算法应用于水下图像处理时，不能准确地估计水体透射率图和无法正常地恢复场景颜色的问题，提出了基于暗通道理论的水下图像复原算法。算法首先根据暗通道理论估计水下三维透射率图，反推退化模型进行图像去模糊；然后通过改进的自适应对比增强算法提高景物的对比度；最后进行颜色校正得到复原图像。算法有效地提高了水下模糊图像的清晰度、对比度和色彩真实度，解决了单幅水下图像细节和颜色失真的问题。

(4) 针对水下图像复原算法中，水下光学成像模型存在场景入射光估计不准确的问题，本书对该模型进行了改进，并在此基础上提出一种水下图像复原算法。首先对图像进行场景分类，并估计出各个场景的入射光；然后根据水下光学辐照特性估计出水下场景结构，利用模糊度估计模型获得透射率的表达式；最后通过改进的水下光学成像模型复原出清晰的水下图像。该算法能较好地提高图像的清晰度，丰富图像的边缘细节。

(5) 研究了多角度水下偏振图像的复原问题。根据图像的偏振特性，针对水下偏振图像存在雾状模糊和颜色失真的问题，提出了一种基于结构相似性的水下偏振图像复原算法。根据水体透射率与目标反射光之间的统计无关性，通过偏振差分图像计算透射率的初始值，使用结构相似性来推导并计算水体透射率。最后将透射率代入水下偏振成像模型得到目标反射光图像，进行颜色校正得到复原结果。实验结果表明，算法明显地改善了水下多幅偏振图像质量，解决了图像模糊和颜色偏差的问题。

(6) 研究了联合暗通道去雾算法和水下偏振成像技术进行水下图像复原的问题。针对水下偏振图像的特点，结合暗通道理论与光的偏振特性，提出了一种基于暗通道的水下偏振图像复原算法，主要解决基于暗通道的单幅图像去雾算法在水下环境能力有限，以及传统偏振去雾方法容易引起噪声的问题。算法首先根据光在水体中的衰减系数与波长的线性关系，通过暗通道理论分别计算出两幅图像的透射率和存在偏振特性的目标反射光；然后通过全局偏振角对目标反射光中存在的偏振光进行复原，得到目标原有的辐射；最后基于总光强图像的透射率进行自适应对比度增强并使用灰度世界法进行颜色校正得到复原结果。实验结果表明该算法的复原结果具有更好的视觉效果。

(7) 传统水下图像复原算法普遍存在获取图像特征困难、对先验知识具有依赖性、复杂度过高等问题，无法满足实时性要求较高的应用场景。因此，本书在改进的水下光学成像模型的基础上，搭建了一种基于卷积神经网络模型的输入输出系统，用于图像透射率的估计。该模型将水下图像作为输入，输出对应的透射率图，最后通过改进的水下光学成像模型复原出清晰的水下图像。该算法不仅提高了水下图像的质量，同时降低了运算复杂度，大幅度缩减了运行时间。

(8) 水下图像除了存在清晰度和对比度偏低的问题，还存在颜色失真的问题。针对目前校正水下图像颜色的复原算法普遍存在红色分量过度补偿的问题，本书提出一种基于色彩迁移的半全局水下图像复原算法。首先将色彩迁移原理作为颜色校正的预处理步骤；然后通过组合三种光线衰减水平估计方法构建水下颜色衰减水平模型，用于估计图像的颜色衰减程度；最后将色彩迁移后的水下图像和原图像进行融合，融合时所用权重对应图像的颜色衰减程度。该算法相比于其他颜色校正算法能够较好地复原水下图像的色彩信息。

参 考 文 献

[1] 孙传东, 陈良益, 高立民, 等. 水的光学特性及其对水下成像的影响[J]. 应用光学, 2000, 21(4): 39-46.

[2] Hummel R. Image enhancement by histogram transformation[J]. Computer Graphics & Image Processing, 1977, 6(2): 184-195.

[3] Zuiderveld K. Contrast limited adaptive histogram equalization[M]//Graphics Gems. New York: Academic Press, 1994:474-485.

[4] van de Weijer J, Gevers T, Gijsenij A. Edge-based color constancy[J]. IEEE Transactions on Image Processing, 2007, 16(9): 2207-2214.

[5] Liu Y C, Chan W H, Chen Y Q. Automatic white balance for digital still camera[J]. IEEE Transactions on Consumer Electronics, 1995, 41(3): 460-466.

[6] Hurlbert A. Colour constancy[J]. Current Biology, 2007, 17(21): R906-R907.

[7] Singh G, Jaggi N, Vasamsetti S, et al. Underwater image/video enhancement using wavelet based color correction(WBCC)method[C]. Proceedings of 2015 IEEE Underwater Technology, Chennai, 2015.

[8] 刘红莉. 基于小波变换的水下图像阈值去噪方法的研究[D]. 青岛：中国海洋大学, 2012.

[9] 蓝国宁, 李建, 籍芳. 基于小波的水下图像后向散射噪声去除[J]. 海洋技术, 2010, 29(2): 43-47.

[10] Chambah M, Semani D, Renouf A, et al. Underwater color constancy: Enhancement of automatic live fish recognition[J]. Proceedings of SPIE - The International Society for Optical Engineering, 2003, 5293: 157-168.

[11] Land E H. An alternative technique for the computation of the designator in the retinex theory of color vision[J]. Proceedings of the National Academy of Sciences, 1986, 83(10): 3078-3080.

[12] Zhang L, Yang L, Luo T, et al. A novel illumination compensation method with enhanced retinex[C]. International Conference on Information Science and Control Engineering, Beijing, 2016: 83-87.

[13] Alex Raj S M, Supriya M H. Underwater image enhancement using single scale retinex on a reconfigurable hardware[C]. 2015 International Symposium on Ocean Electronics(SYMPOL), Kochi, 2015: 1-5.

[14] Wang L, Xiao L, Liu H, et al. Variational Bayesian method for retinex[J]. IEEE Transactions on Image Processing, 2014, 23(8): 3381-3396.

[15] Mei X, Yang J, Zhang Y Y, et al. Video image dehazing algorithm based on multi-scale retinex with color restoration[C]. 2016 International Conference on Smart Grid and Electrical Automation(ICSGEA), Zhangjiajie, 2016: 195-200.

[16] Mario D G, Ponomaryov V, Kravchenko V. Cromaticity improvement in images with poor lighting using the Multiscale-Retinex MSR algorithm[C]. 2016 9th International Kharkiv Symposium on Physics and Engineering of Microwaves, Millimeter and Submillimeter Waves(MSMW), Kharkiv, Ukraine, 2016: 1-4.

[17] Apaza R G, Portugal-Zambrano C E, Gutiérrez-Cáceres J C, et al. An approach for improve the recognition of defects in coffee beans using retinex algorithms[C]. 2014 XL Latin American Computing Conference(CLEI), Montevideo, Uruguay, 2014: 1-9.

[18] Madani A, Yusof R, Maliha A. Traffic sign segmentation using supervised distance based classifiers[C]. 2015 10th Asian Control Conference(ASCC), Kota Kinabalu, 2015: 1-7.

[19] Torres-Méndez L A, Dudek G. Color correction of underwater images for aquatic robot inspection [C]. International Workshop on Energy Minimization Methods in Computer Vision and Pattern Recognition, FL, USA, 2005.

[20] Bazeille S, Quidu I, Jaulin L, et al. Automatic underwater image pre-processing [C]. Caracterisation Du Milieu Marin, 2006.

[21] Iqbal K, Salam R A, Osman A, et al. Underwater image enhancement using an integrated colour model[J]. IAENG International Journal of Computer Science, 2007, 34(2): 239-244.

[22] Iqbal K, Odetayo M O, James A E, et al. Enhancing the low quality images using Unsupervised Colour Correction Method[C]. 2010 IEEE International Conference on Systems, Man and Cybernetics, Istanbul, 2010: 1703-1709.

[23] 石丹, 李庆武, 范新南, 等. 基于 Contourlet 变换和多尺度 Rentinex 的水下图像增强算法[J]. 激光与光电子学进展, 2010, 47(4): 41-45.

[24] Ancuti C, Ancuti C O, Haber T, et al. Enhancing underwater images and videos by fusion [C]. Computer Vision and Pattern Recognition, RI, USA, 2012.

[25] 杨淼, 纪志成. 基于模糊形态筛和四元数的水下彩色图像增强[J]. 仪器仪表学报, 2012, 33(7): 1601-1605.

[26] Çelebi A T, Ertürk S. Visual enhancement of underwater images using Empirical Mode Decomposition[J]. Expert Systems with Applications, 2012, 39(1): 800-805.

[27] 陈从平, 王健, 邹雷, 等. 一种有效的低对比度水下图像增强算法[J]. 激光与红外, 2012, 42(5): 567-571.

[28] Henke B, Vahl M, Zhou Z. Removing color cast of underwater images through non-constant color constancy hypothesis [C]. International Symposium on Image and Signal Processing and Analysis, Trieste, 2013.

[29] Fu X Y, Zhuang P X, Huang Y, et al. A retinex-based enhancing approach for single underwater image [C].IEEE International Conference on Image Processing, Paris, 2014.

[30] Kan L, Yu J, Yang Y, et al. Color correction of underwater images using spectral data[C]. Optoelectronic Imaging and Multimedia Technology III, Beijing, 2014.

[31] Ji T T, Wang G Y. An approach to underwater image enhancement based on image structural decomposition[J]. Journal of Ocean University of China, 2015, 14(2): 255-260.

[32] Li C Y, Guo J C. Underwater image enhancement by dehazing and color correction[J]. Journal of Electronic Imaging, 2015, 24(3): 33023.

[33] Abunaser A, Doush I A, Mansour N, et al. Underwater image enhancement using particle swarm optimization [J]. Journal of Intelligent Systems, 2015, 24(1): 99-115.

[34] Trucco E, Olmos-Antillon A T. Self-tuning underwater image restoration[J]. IEEE Journal of Oceanic Engineering, 2006, 31(2): 511-519.

[35] McGlamery B L. A computer model for underwater camera systems[C]. Proceedings of SPIE-The International Society for Optical Engineering, 1979: 221-231.

[36] Jaffe J S. Computer modeling and the design of optimal underwater imaging systems[J]. IEEE Journal of Oceanic Engineering, 1990, 15(2): 101-111.

[37] Hou W L, Gray D J, Weidemann A D, et al. Automated underwater image restoration and retrieval of related optical properties[C]. 2007 IEEE International Geoscience and Remote Sensing Symposium, Barcelona, 2008: 1889-1892.

[38] Carlevaris-Bianco N, Mohan A, Eustice R M. Initial results in underwater single image dehazing[C]. OCEANS 2010 MTS/IEEE SEATTLE, WA, USA, 2010: 1-8.

[39] 张赫, 徐玉如, 万磊, 等. 水下退化图像处理方法[J]. 天津大学学报(自然科学与工程技术版), 2010, 43(9): 827-833.

[40] Chiang J Y, Chen Y C. Underwater image enhancement by wavelength compensation and dehazing[J]. IEEE Transactions on Image Processing, 2012, 21(4): 1756-1769.

[41] Lu H, Li Y, Serikawa S. Underwater image enhancement using guided trigonometric bilateral filter and fast automatic color correction[C]. 2013 IEEE International Conference on Image Processing, Melbourne, 2013: 3412-3416.

[42] Wen H, Tian Y, Huang T, et al. Single underwater image enhancement with a new optical model[C]. 2013 IEEE International Symposium on Circuits and Systems, Beijing, 2013.

[43] Serikawa S, Lu H. Underwater image dehazing using joint trilateral filter [J]. Computers and

Electrical Engineering, 2014, 40(1): 41-50.

[44] Galdran A, Pardo D, Picón A, et al. Automatic Red-Channel underwater image restoration[J]. Journal of Visual Communication and Image Representation, 2015, 26: 132-145.

[45] He K, Sun J, Tang X. Single image haze removal using dark channel prior[J]. IEEE Transactions on Pattern Analysis and Machine Intelligence, 2011, 33(12): 2341-2353.

[46] Lu H, Li Y, Zhang L, et al. Contrast enhancement for images in turbid water[J]. Journal of the Optical Society of America: A Optics Image Science and Vision, 2015, 32(5): 886-893.

[47] Zhao X, Jin T, Qu S. Deriving inherent optical properties from background color and underwater image enhancement[J]. Ocean Engineering, 2015, 94: 163-172.

[48] Li C, Guo J, Wang B, et al. Single underwater image enhancement based on color cast removal and visibility restoration[J]. Journal of Electronic Imaging, 2016, 25(3): 033012.

[49] He K, Sun J, Tang X. Guided image filtering[J]. IEEE Transactions on Pattern Analysis and Machine Intelligence, 2013, 35(6): 1397-1409.

[50] Levin A, Lischinski D, Weiss Y. A closed-form solution to natural image matting[J]. IEEE Transactions on Pattern Analysis and Machine Intelligence, 2008, 30(2): 228-242.

[51] 胡伟, 袁国栋, 董朝, 等. 基于暗通道优先的单幅图像去雾新方法[J]. 计算机研究与发展, 2010, 47(12): 2132-2140.

[52] Meng G, Wang Y, Duan J, et al. Efficient image dehazing with boundary constraint and contextual regularization[C]. IEEE International Conference on Computer Vision, Sydney, 2013: 617-624.

[53] 周雨薇, 陈强, 孙权森, 等. 结合暗通道原理和双边滤波的遥感图像增强[J]. 中国图象图形学报, 2014, 19(2): 313-321.

[54] Tarel J P, Hautière N. Fast visibility restoration from a single color or gray level image[C]. 2009 IEEE 12th International Conference on Computer Vision, Kyoto, 2009, 30(2): 2201-2208.

[55] Gibson K B, Vo D T, Nguyen T Q. An investigation of dehazing effects on image and video coding[J]. IEEE Transactions on Image Processing, 2012, 21(2): 662-673.

[56] Chao L, Wang M. Removal of water scattering[C]. International Conference on Computer Engineering and Technology, Chengdu, 2010.

[57] Yang H Y, Chen P Y, Huang C C, et al. Low complexity underwater image enhancement based on dark channel Prior[C]. International Conference on Innovations in Bio-Inspired Computing and Applications, Shenzhen, 2011.

[58] 马金祥, 范新南, 吴志祥, 等. 暗通道先验的大坝水下裂缝图像增强算法[J]. 中国图象图形学报, 2016, 21(12): 1574-1584.

[59] 杨爱萍, 郑佳, 王建, 等. 基于颜色失真去除与暗通道先验的水下图像复原[J]. 电子与信息学报, 2015, 37(11): 2541-2547.

[60] Peng Y T, Zhao X Y, Cosman P C. Single underwater image enhancement using depth estimation based on blurriness[C]. 2015 IEEE International Conference on Image Processing, Quebec, 2015.

[61] Fan X, Chen J, Li M, et al. Underwater image enhancement based on dark channel theory[C]. 3rd International Conference on Fuzzy Systems and Data Mining, Hualien, 2017.

[62] Mallik S, Khan S S, Pati U C. Underwater image enhancement based on dark channel prior and histogram equalization[C]. International Conference on Innovations in Information Embedded and Communication Systems, Coimbatore, 2016.

[63] 曹念文, 刘文清, 张玉钧. 几种散射介质散射光解偏度的测量[J]. 物理学报, 2000, 49(4): 647-653.

[64] 周明. 偏振信息在雾天图像分析中的应用研究[D]. 合肥: 合肥工业大学, 2012.

[65] 李海兰, 王霞, 张春涛, 等. 基于偏振成像技术的目标探测研究进展及分析[J]. 光学技术, 2009, 35(5): 695-700.

[66] 都安平, 赵永强, 潘泉, 等. 基于偏振特征的图像增强算法[J]. 计算机测量与控制, 2007, 15(1): 106-108.

[67] 赵永强, 潘泉, 张洪才. 基于图像序列融合的 Stokes 图像计算方法[J]. 光电子·激光, 2005, 16(3): 354-357.

[68] Gypson M, Dobbs M, Pruitt J, et al. Polarization imaging using active illumination and lock-in like algorithms[C]. Proceedings of SPIE - The International Society for Optical Engineering, CA, USA, 2003: 161-167.

[69] 周强, 赵巨峰, 冯华君, 等. 基于偏振成像的红外图像增强[J]. 红外与激光工程, 2014, 43(1): 39-47.

[70] 方帅, 周明, 曹洋, 等. 基于偏振测量的雾天图像场景分割[J]. 光子学报, 2011, 40(12): 1820-1826.

[71] 汪杰君, 杨杰, 张文涛, 等. 雾天偏振成像影响分析及复原方法研究[J]. 激光技术, 2016, 40(4): 521-525.

[72] Cronin T W, Shashar N, Caldwell R L, et al. Polarization signals in the marine environment[C]. Proceedings of SPIE - The International Society for Optical Engineering, California, 2003, 85-92.

[73] Shashar N, Cronin T W, Johnson G, et al. Portable imaging polarized light analyzer[C]. Proceedings of SPIE - The International Society for Optical Engineering, Israel, 1995, 28-35.

[74] 曹念文, 刘文清, 张玉钧, 等. 偏振成像技术提高成像清晰度、成像距离的定量研究[J]. 物理学报, 2000, 49(1): 61-66.

[75] Tonizzo A, Zhou J, Gilerson A, et al. Polarized light in coastal waters: hyperspectral and multiangular analysis [J]. Optics Express, 2009, 17(7): 5666-5683.

[76] Zhao X W, Jin T, Chi H, et al. Modeling and simulation of the background light in underwater imaging under different illumination conditions[J]. Acta Physica Sinica, 2015, 64(10): 104201.

[77] Huang B, Liu T, Hu H, et al. Underwater image recovery considering polarization effects of objects[J]. Optics Express, 2016, 24(9): 9826-9838.

[78] Li X, Orchard M T. New edge-directed interpolation[J]. IEEE Transactions on Image Processing, 2001, 10(10): 1521-1527.

[79] Zhang L, Wu X. An edge-guided image interpolation algorithm via directional filtering and data fusion[J]. IEEE Transactions on Image Processing, 2006, 15(8): 2226-2238.

[80] Zhang X, Wu X. Image interpolation by adaptive 2-D autoregressive modeling and soft-decision estimation[J]. IEEE Transactions on Image Processing, 2008, 17(6): 887-896.

[81] Romano Y, Protter M, Elad M. Single image interpolation via adaptive nonlocal sparsity-based modeling [J]. IEEE Transactions on Image Processing, 2014, 23(7): 3085-3098.

[82] Wong C S, Siu W C. Adaptive directional window selection for edge-directed interpolation[C]. International Conference on Computer Communications and Networks, Zurich, 2010: 1-6.

[83] Wei Z, Ma K K. Contrast-guided image interpolation [J]. IEEE Transactions on Image Processing, 2013, 22(11): 4271-4285.

[84] Dong W, Zhang L, Lukac R, et al. Sparse representation based image interpolation with nonlocal autoregressive modeling [J]. IEEE Transactions on Image Processing, 2013, 22(4): 1382-1394.

[85] Li M, Nguyen T. Markov random field model-based edge-directed image interpolation[C]. IEEE International Conference on Image Processing, TX, USA, 2007: II-93-II-96.

[86] Zeyde R, Elad M, Protter M. On single image scale-up using sparse-representations[C]. International Conference on Curves and Surfaces, Avignon, 2010: 711-730.

[87] Yang J, Wang Z, Lin Z, et al. Coupled dictionary training for image super-resolution[J]. IEEE Transactions on Image Processing, 2012, 21(8): 3467-3478.

[88] Timofte R, De V, Van Gool L. Anchored neighborhood regression for fast example-based super-resolution[C]. IEEE International Conference on Computer Vision, Sydney, 2013: 1920-1927.

[89] Jia K, Tang X, Wang X. Image transformation based on learning dictionaries across image spaces[J]. IEEE Transactions on Pattern Analysis and Machine Intelligence, 2013, 35(2): 367-380.

[90] Dai D, Timofte R, Van Gool L. Jointly optimized regressors for image super-resolution[J]. Computer Graphics Forum, 2015, 34(2): 95-104.

[91] Timofte R, De Smet V, Van Gool L. A+: Adjusted anchored neighborhood regression for fast super-resolution[C]. Asian Conference on Computer Vision, Singapore, 2015: 111-126.

[92] Bevilacqua M, Roumy A, Guillemot C, et al. Low-complexity single-image super-resolution based on nonnegative neighbor embedding[C]. Proceedings of the 23rd British Machine Vision Conference, Guildford, 2012: 135.1-135.10.

[93] Yang C Y, Yang M H. Fast direct super-resolution by simple functions[C]. IEEE International Conference on Computer Vision, Sydney, 2013: 561-568.

[94] Freedman G, Fattal R. Image and video upscaling from local self-examples[J]. ACM Transactions on Graphics, 2011, 30(2): 12.

[95] Glasner D, Bagon S, Irani M. Super-resolution from a single image[C]. International Conference on Computer Vision, Kyoto, 2009: 349-356.

[96] Yang C Y, Huang J B, Yang M H. Exploiting self-similarities for single frame super-resolution[C]. Asian Conference on Computer Vision, Queenstown, 2010: 497-510.

[97] Yang J, Lin Z, Cohen S. Fast image super-resolution based on in-place example regression[C]. Computer Vision and Pattern Recognition, Portland, OR, USA, 2013: 1059-1066.

[98] Zontak M, Irani M. Internal statistics of a single natural image[C]. Computer Vision and Pattern Recognition, Colorado, CO, USA, 2011: 977-984.

[99] Wang Z, Yang Y, Wang Z, et al. Learning super-resolution jointly from external and internal examples[J]. IEEE Transactions on Image Processing, 2015, 24(11): 4359-4371.

[100] Chang H, Yeung D Y, Xiong Y. Super-resolution through neighbor embedding[C]. 2004 IEEE Computer Society Conference on Computer Vision and Pattern Recognition, Washington, 2004, 1: I-275-I-282.

[101] Yang J, Wright J, Huang T, et al. Image super-resolution as sparse representation of raw image patches[C]. IEEE Computer Society Conference on Computer Vision and Pattern Recognition, Anchorage, AK, 2008: 1-8.

[102] Begin I, Ferrie F R. Blind super-resolution using a learning-based approach[C]. International Conference on Pattern Recognition, Cambridge, 2004: 85-89.

[103] Roth S, Black M J. Fields of experts: A framework for learning image priors[C]. IEEE Conference on Computer Vision and Pattern Recognition, San Diego, CA, 2015, 2(2): 860-867.

[104] Weiss Y, Freeman W T. What makes a good model of natural images?[C]. 2007 IEEE Computer Vision and Pattern Recognition, Minneapolis, MN, 2007: 1-8.

[105] Xu L, Jia J. Two-phase kernel estimation for robust motion deblurring[C]. Proceedings of the 11th European Conference on Computer Vision, Crete, 2010: 157-170.

[106] Field D. What is the goal of sensory coding?[J]. Neural Computation, 1994, 6(4): 559-601.

[107] Sun J, Sun J, Xu Z, et al. Image super-resolution using gradient profile prior[C]. 2008 IEEE Conference on Computer Vision and Pattern Recognition, Anchorage, AK, 2008: 1-8.

[108] Zhang K, Gao X, Tao D, et al. Single image super-resolution with non-local means and steering kernel regression[J]. IEEE Transactions on Image Processing, 2012, 21(11): 4544-4556.

[109] Protter M, Elad M, Takeda H, et al. Generalizing the Nonlocal-means to super-resolution reconstruction[J]. IEEE Transactions on Image Processing, 2009, 18(1): 36-51.

[110] Zhang H, Yang J, Zhang Y, et al. Non-local kernel regression for image and video restoration[J]. IEEE Transactions on Cybernetics, 2013, 43(3): 1035-1046.

第2章　基于仿射阴影形成模型的水下图像增强算法

2.1　引　　言

　　水下视觉检测往往需要辅助点光源，获取的图像往往具有非均匀亮度，如果不进行处理，会影响后续检测和识别的精度。光照不均匀现象普遍存在于生活中，如夜晚手电筒照在墙上，总是中间较亮，四周偏暗；白天马路上，由于树木等对光线的遮挡，路面会出现各种形状不一的阴影。若在这类存在光照问题的情况下对目标进行图像采集，再用传统的图像处理方法进行目标检测与识别，效果往往不理想。这一类光照不均匀的现象也存在于水下拍摄的图像中。若要使目标识别算法无论在光照正常与否的情况下都能准确识别目标，那么目标识别的算法复杂度将要大幅度提高，且其实现成本较高。但是，若在对目标进行识别等一系列智能处理之前，对目标图像进行光照的处理，补偿部分图像中的亮度损失，使图像呈现正常光照下的效果，那么现有的目标识别算法即可应用在这些存在光照问题的图像上，降低研究成本，提高工作效率。

2.2　仿射阴影形成模型及其改进模型

　　数字图像中的像素点，以不可逆的方式构成各种复杂场景，并且记录着关于场景外表的形状、光照和反射特性等少量珍贵的信息。对于水下复杂环境中的光学成像，由于受到水体浑浊、水体对光线吸收与散射效应等影响，其纹理细节信息则十分宝贵。

　　图 2-1 是一幅典型的光照不均匀的水下图像。辅助光源在图像中间产生了一个亮斑，并向四周逐渐衰弱，四周偏暗。视觉上，偏亮与偏暗区域的强烈对比，通常会使人忽视偏暗处的纹理细节，而偏亮处的细节容易由于亮度过高使人主观上过度重视，无法准确结合实际情况做出合理判断。通过匀光算法调整该图像的亮度分布，同时保持纹理细节不丢失。

　　传统的仿射阴影形成模型[1]包括阴影构成模型和参数估计。该模型的基本思想是建立阴影区域与光照区域的模型，然后通过估计模型中阴影区域与光照区域的仿射变量，实现调整阴影区域亮度，同时保持阴影区域纹理细节不被削弱、丢失。由于该模型没有考虑光照过度区域，且没有针对水下环境优化，因此无法直接使用。

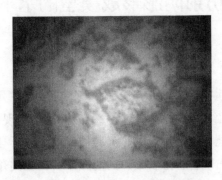

图 2-1　光照不均匀的水下图像

本书通过改进仿射阴影形成模型，使其能将偏亮区域灰度值的均值和标准差提升或降低到正常光照区域水平，以实现偏亮区域的光照修复，改进后既可以处理偏暗区域也可以处理偏亮区域。其基本过程是将问题区域（包括偏亮、偏暗区域）的像素点灰度值 $I^{\text{problem}}(x)$ 去除问题区域平均光照 μ^{problem}，得到表示纹理特征的 $\alpha^{\text{problem}}(x)$：

$$\alpha^{\text{problem}}(x)=I^{\text{problem}}(x)-\mu^{\text{problem}} \tag{2-1}$$

根据正常区域标准差 σ^{normal} 与问题区域标准差 σ^{problem} 的比例关系，估计正常区域与问题区域的纹理之间的关系 β：

$$\beta = \frac{\sigma^{\text{normal}}}{\sigma^{\text{problem}}} \tag{2-2}$$

利用 β 将问题区域的纹理对比度拉升或压缩到正常区域水平，再补偿正常区域的光照均值 μ^{normal}，得到修复后的像素点灰度值 $I^{\text{fixed}}(x)$：

$$I^{\text{fixed}}(x) = \mu^{\text{normal}} + \beta \cdot \alpha^{\text{problem}}(x) \tag{2-3}$$

通过上述方法即可以实现问题区域的修复。因此，得到处理光照问题区域的修复公式为

$$I^{\text{fixed}}(x) = \mu^{\text{normal}} + \frac{\sigma^{\text{normal}}}{\sigma^{\text{problem}}}\Big[I^{\text{problem}}(x) - \mu^{\text{problem}} \Big] \tag{2-4}$$

其中，$I^{\text{problem}}(x)$、$I^{\text{fixed}}(x)$ 分别表示问题区域修复前后 x 点的灰度值；μ^{normal}、μ^{problem} 分别表示正常区域和问题区域的灰度值的均值；σ^{normal}、σ^{problem} 分别表示

正常区域和问题区域灰度值的标准差。均值和标准差可以由以下公式求得

$$\begin{cases} \mu^k = \dfrac{1}{N} \sum_{i=1}^{N} I_i^k \\ \sigma^k = \dfrac{1}{N} \sum_{i=1}^{N} \left(I_i^k - \mu^k \right)^2 \end{cases} \quad k = \text{problem, normal} \quad (2\text{-}5)$$

其中，N 表示 k 区域内像素点的个数；I_i^k 表示 k 区域内的像素点灰度值。

2.3 基于改进仿射阴影形成模型的水下图像增强算法

基于改进的模型，水下图像增强算法的主要步骤包括：①获取图像的光照分布图。②根据光照分布图，将图像细分为若干像素带。③选择部分亮度处于正常水平的区域，并计算其均值与标准差作为匀光标准。如果已经有目标图像先验信息(均值、标准差)，则跳过该步骤。④使用基于仿射阴影形成模型的匀光法进行匀光处理。流程图如图 2-2 所示。

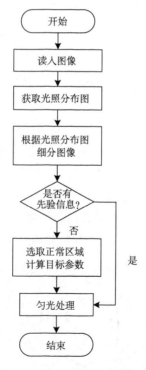

图 2-2　匀光算法流程图

2.3.1　光照问题区域的界定

匀光算法效果的好坏，关键在于能否界定出正常区域和问题区域。首先估计出原图像的光照分布图，光照分布图应当反映出图像的光照分布情况，并且尽量避免包含纹理信息。根据水下环境的特征，采用线性空间滤波器进行拟合光照分布。空间滤波器可以看作原图像与滤波掩模之间的二维卷积：

$$G(x,y) = H(x,y) * X(m,n) = \sum_k \sum_l H(x-k, y-l) X(k,l) \tag{2-6}$$

其中，$G(x,y)$ 表示滤波后的图像；$H(x,y)$ 表示原图像；$X(m,n)$ 表示空间滤波算子，其中 m 和 n 分别表示滤波掩模的高和宽。当 $X(m,n)$ 是一个线性算子时，式(2-6)表示线性空间滤波；否则，表示非线性空间滤波。这里使用线性空间滤波，首先建立滤波掩模 $X(m,n)$：

$$X(m,n) = \frac{1}{m \times n} \begin{bmatrix} 1 & 1 & \cdots & 1 \\ 1 & 1 & \cdots & 1 \\ \vdots & \vdots & & \vdots \\ 1 & 1 & \cdots & 1 \end{bmatrix}_{m \times n} \tag{2-7}$$

通常 m 和 n 的值设置为图像高和宽的 1/5～1/4。空间滤波的过程可以看作将滤波掩模在图像中逐点移动，滤波器的响应则是滤波器系数与对应邻域像素乘积之和。图像亮度获取可以通过滑动滤波掩模来实现，当掩模超出了图像边缘，通过复制边缘像素的灰度值来扩展图像。

根据光照分布情况，进行区域划分。首先，设置像素带数目阈值为300，根据亮度从低到高的顺序将原图像中处于同一亮度层的区域划分为若干像素带。具体规则为：当某一亮度层像素数目少于300时，与下一层合并，直到大于等于300，则划分为一个像素带；当某一亮度层像素数目大于等于300时，则该亮度层为一个像素带。像素带划分示意图如图2-3所示。然后，将这些像素带根据亮度按照一定比例合并，此时，图像被划分为问题区域(包括偏亮区域和偏暗区域)、正常区域。

图 2-3　像素带划分示意图

2.3.2 算法的流程

基于上述的光照分布拟合算法和仿射阴影形成模型，本算法对水下图像进行全局的光照处理，为了便于分析处理，本算法选用灰度图进行计算，算法步骤如下。

步骤 1　使用线性空间滤波获取光照分布情况。

步骤 2　根据亮度分布情况将原图像分割为若干像素带，在同一像素带中的像素点处于同一亮度水平。

步骤 3　设置位于 0～1 的两个比例值 a 和 b 将像素带进行区域标记，位于 0～a 的像素带标记为偏暗区域，位于 a～b 的像素带标记为正常区域，位于 b～1 的像素带标记为偏亮区域，然后计算正常区域的灰度值的均值与方差，作为匀光目标参数。

步骤 4　分别对每个像素带中的像素点使用式(2-4)进行匀光处理，直到所有像素点都被修复。

2.4　实验结果与对比分析

为了验证匀光算法效果，分别针对具有人工纹理和自然纹理的水下图像进行实验，并与背景差分法和 Mask 法匀光效果进行对比。为了更好地对比实验效果，背景差分法使用本章算法中的线性滤波器，滤波掩模设置为图像大小的 1/4，而 Mask 法使用低通滤波器。实验参数设置如表 2-1 所示。

表 2-1　实验参数设置

参数	值	定义
P	300	像素带数目
a	0.4	确定正常区域的下限比例值
b	0.6	确定正常区域的上限比例值

2.4.1　水下人工纹理图像匀光处理实验

图 2-4(a)是原图像，是典型的光照不均匀的有规则纹理的图像。图 2-4(b)～(d)分别是背景差分法、Mask 法和本章算法的匀光处理结果。均值、方差和熵等数据详细列在表 2-2 中。

(a) 原图像   (b) 背景差分法

获取原图

(c) Mask 法   (d) 本章算法

图 2-4　水下人工纹理图像匀光处理实验结果

表 2-2　水下人工纹理图像匀光处理实验数据

匀光方法	均值	方差	熵
本章算法	143.7332	25.2069	6.6938
背景差分法	143.0075	12.0647	5.6257
Mask 法	161.9676	26.1260	6.4226

表 2-2 中熵定义为 $e = -\sum_{i=0}^{L-1} p(z_i) \log_2 p(z_i)$，其中，$L$ 表示灰度级；z_i 表示第 i 灰度级的灰度值，$p(z)$ 表示一个计算直方图的函数。在本书中，熵是一个衡量纹理信息多少的统计量。

图 2-4 中的结果和表 2-2 中的数据展示了本章提出的算法在效果上优于其他两种算法。表现为：在匀光处理后，本章算法对于规则的纹理能实现较好的保护，

并且纹理和背景之间的对比度也维持在一个较好的水平。背景差分法与本章算法采用同一个光照背景估计，但本章算法的方差和熵都要高于背景差分法，这表明本章算法细节信息较为丰富，纹理保护较好。Mask 法匀光后图像的方差和熵与本章算法结果相接近，但是本章算法在图像的可视性上要明显好于 Mask 法。

2.4.2　水下自然纹理图像匀光处理实验

为了进一步验证本章算法的实用性，针对没有规律的水下自然纹理图像进行匀光处理，实验结果如图 2-5 所示，数据见表 2-3。

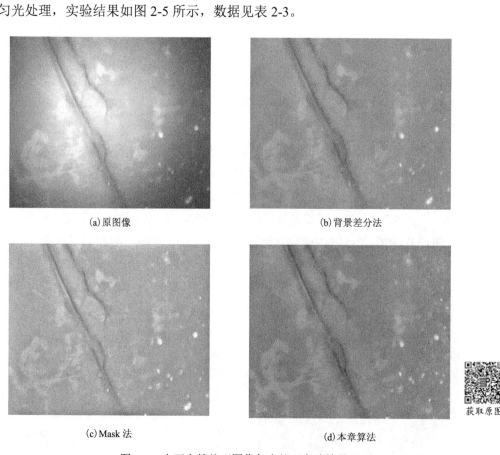

(a) 原图像　　　　　　　　　　　　　(b) 背景差分法

(c) Mask 法　　　　　　　　　　　　(d) 本章算法

获取原图

图 2-5　水下自然纹理图像匀光处理实验结果

对于水下自然纹理的图像，由于纹理有较多的不确定性，在处理过程中尤其要保护好纹理信息，若在匀光过程中丢失信息，则不利于后续的处理，甚至会导致错误结果。图 2-5 中展示了三种方法的匀光处理结果，与其他两种算法结果相比，本章算法结果在原图像中较暗区域保留的纹理信息最多，可视性好于其他两种算法。表 2-3 中的实验数据表明本章算法的方差和熵都高于其他两种算法，进一步验证了本章算法在纹理保护方面的优势。

表 2-3 水下自然纹理图像匀光处理实验数据

匀光方法	均值	方差	熵
本章算法	136.0158	13.2969	5.5852
背景差分法	135.8101	11.8617	5.4614
Mask 法	178.0564	12.4966	5.3129

2.4.3 分析与讨论

水下人工纹理和自然纹理的匀光处理结果，表明了本章提出的匀光算法可以处理光照不均的问题，且可以保护纹理信息。本节讨论算法中参数的选择和一个关键步骤。

参数 a 和 b 决定了正常区域的范围，同时决定了匀光的目标参数（均值、方差）。通常情况下 a 选取在 0.5 附近，b 比 a 大 0.2 左右。为了检验参数 a 与 b 对匀光效果的影响，实验选取了三组典型的值进行对比，图 2-6(a) 和 (b) 分别为 a=0.1、b=0.3 和 a=0.7、b=0.9 的匀光处理结果，a=0.4、b=0.6 的结果见图 2-5(d)。

图 2-6 和图 2-5(d) 中的实验结果表明，本章算法对参数的选择并不敏感（a=0.1、b=0.3，a=0.4、b=0.6 和 a=0.7、b=0.9 时的方差分别为 13.3282、13.2969 和 14.8510），但是 a 与 b 的选择控制着图像的整体亮度（a=0.1、b=0.3，a=0.4、b=0.6 和 a=0.7、b=0.9 时的亮度均值分别为 99.8940、136.0158 和 201.7929）。

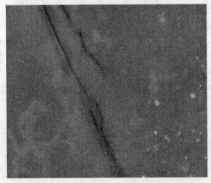 

(a) a=0.1、b=0.3　　　　　　　　　　　　(b) a=0.7、b=0.9

图 2-6 不同参数 a 与 b 的匀光处理结果

在提出的算法中，一个关键的步骤是对正常区域也要进行匀光处理，即所有的像素点都要进行匀光处理，若仅对偏亮和偏暗区域进行处理，则在正常区域的边缘处会出现明显的边界，如图 2-7 所示。

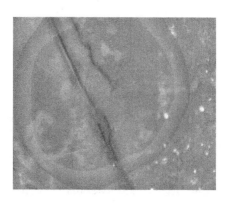

图 2-7　只对问题区域进行匀光处理的结果

2.5　本 章 小 结

本章针对水下环境成像中光照不均匀的问题展开研究，提出了基于仿射阴影形成模型的水下图像匀光算法。本章对水下不同纹理特征的图像进行了实验分析，实验结果表明该算法可以较好地处理光照问题，同时能够保护纹理信息。算法仅在时域范围内进行处理，有较好的实时性。参数的选择较为灵活，一般无须手动设置。对于水下环境具有较高的实用性，可以用在裂缝检测、水下搜救等研究中，但不局限于水下，也可适用于其他情况下的光照处理，如夜晚监控[2]和汽车夜视设备[3]中。

参 考 文 献

[1] Shor Y, Lischinski D. The shadow meets the mask: Pyramid-based shadow removal[C]. Computer Graphics Forum. London: Blackwell Publishing Ltd, 2008, 27(2): 577-586.

[2] Xin D, Liu H, Jing L, et al. Design of secondary optics for IRED in active night vision systems[J]. Optics Express, 2013, 21(1): 1113-1120.

[3] Lu Y, Han C, Lu M, et al. A vision-based system for the prevention of car collisions at night[J]. Machine Vision and Applications, 2011, 22(1): 117-127.

第3章 基于粗糙集上下近似的水下图像增强算法

3.1 引 言

图像处理技术运用于水下目标检测最大的难点在于水下采集到的图像质量不高，造成图像质量低的原因主要包括以下几个方面：①水体中的浮游生物、悬浮物对目标的遮挡；②水下无光源，而自带光源无法完美适应多变的环境，导致过度曝光、光照不足和光照不均匀；③水中的溶解物对光的吸收和散射使得透射不足；④成像设备本身成本的限制。这一系列的不确定因素使得水下图像存在亮度不均匀、噪声多、阴影遮挡等缺陷，给水下图像的识别、参数计算等工作带来严重干扰。

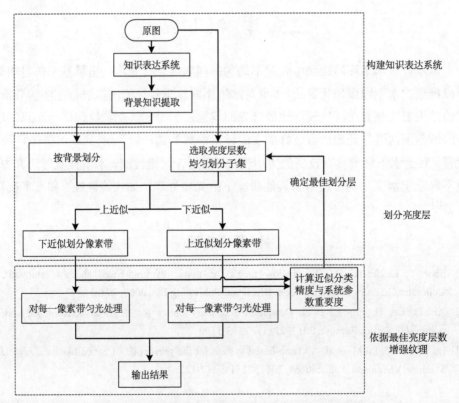

图 3-1 基于粗糙集上下近似的水下图像增强算法流程图

经典图像增强算法如基于直方图的图像增强算法[1]、基于 Retinex 的图像增强算法[2]和基于滤波和信号处理的图像增强算法[3]在直接应用于水下环境时，易受上述因素影响导致成像质量低，且具有一定的局限性。为了提高水下大坝裂缝图像的质量，本书提出一种基于粗糙集上下近似的水下图像增强算法，该算法分为以下几个步骤：①构建图像的知识表达系统，用粗糙集的数据处理模式将图像数据转化到集合论的领域中来；②提取图像光照分布并近似划分亮度层。以光照分布图为参照利用上下近似划分亮度层；③计算近似分类精度(approximate classification accuracy)与系统参数重要度(system parameters importance)，依据这两个参数随亮度层的收敛特性得到最佳亮度层数；④依据反馈的最佳亮度层数增强纹理。算法流程如图 3-1 所示。仿真实验验证了算法的有效性。

3.2　粗糙集知识表达模型构建

知识表达模型是通过大量的实践经验而得到的客观事物或研究对象的抽象结果，它具有对事物的分类能力，有一定的规律性和普适性。一幅图像所有像素点的任何特征都可以用知识 R 来描述，根据知识 R 可客观区分每一个像素点所具有的属性特点。为了便于研究图像的各个要素在算法中的表示和计算，需要对它们重新定义，从而构成一个知识表达构建。定义四元组为一个知识表达构建：

$$KRS = (U, A, V, f) \tag{3-1}$$

论域 U：基于粗糙集理论处理图像问题时，图像中的所有像素点是所要研究的对象，将图像中的所有像素点作为一个集合，这个集合称为论域，记作 U。

属性 A：将像素点的坐标、亮度值、邻域灰度梯度、空域位置等属性组成的集合记作 A。

属性值域 V：$V = \bigcup\limits_{a \in A} V_a$，$V_a$ 表示属性 $a \in A$ 的值域，即属性 A 中坐标、亮度值、邻域灰度梯度、空域位置等属性的所有可能的取值范围。

信息函数 f：从 $U \times A$ 到 V 的一个映射，由该函数来指定 U 中每一个对象 x 对应到属性值的计算方法。

考虑到水下图像成像特点建立数学模型：$G(x, y) = v \cdot g(x, y) + I(x, y)$，其中，$G(x, y)$ 为采集到的问题图像；$g(x, y)$ 为裂缝信息；$I(x, y)$ 为背景光照分布；v 为退化系数。为了更加有效地表达背景信息 $I(x, y)$，从而保证在均衡光照时阴影和过亮区域的纹理 $g(x, y)$ 能够有效地还原出来，需要对对象进行背景知识提取。

3.3　水下图像背景亮度近似划分

将原图像的背景知识记作 R_1，这里知识 R_1 为原图像像素点邻域灰度均值。第一步划分掩模，掩模窗口的大小对背景知识的提取有重要影响：掩模窗口越大，则提取背景知识所包含的裂缝纹理信息越少，但是背景光照不能被有效地描述，对于知识库 $K = (U, R)$ 来说，大窗口提取的背景知识是不必要的，属于冗余知识。掩模窗口越小，虽然可以很好地模拟出光照分布，但是不可避免地混入了裂缝纹理，对整幅图均衡亮度时会削弱大坝裂缝纹理，有悖于算法初衷。所以选择适当的掩模窗口对于图像的增强效果很重要，不同大小掩模窗口的处理结果如图 3-2 所示。

　　(a) 窗口为 1/100　　　　　　　　(b) 窗口为 1/16　　　　　　　　(c) 窗口为 1/4

图 3-2　不同大小掩模窗口提取的光照分布

在保证背景知识分类能力的条件下，为了有效保护局部图像信息，确保知识的分类能力(这里为了有效地模拟描述水下特殊光照环境)，若图像宽为 X，高为 Y，则选择掩模窗口的宽和高分别为原图宽和高的 1/4：

$$[X', Y'] = [X / 4, Y / 4] \tag{3-2}$$

得到掩模窗口大小为原图像的 1/16，即掩模系数 $K_{R_1} = 1 \Big/ \left(\dfrac{X}{4} \cdot \dfrac{Y}{4} \right)$，对整幅图像基于掩模窗口遍历所有像素点进行掩模训练，公式为

$$g_{R_1}(x, y) = K_{R_1} \times \sum_{K_{R_1}} G(x, y) \tag{3-3}$$

其中

$$\sum_{K_{R_1}} G(x, y) = \sum_{i=1}^{x/4} \sum_{j=1}^{y/4} K(i, j) \tag{3-4}$$

其中，$K(i,j)$ 表示窗口中坐标为 (i,j) 的像素点的灰度值。将滤波掩模窗口遍历每个像素点进行滑动求取，在每个点 $G(x,y)$ 处，滤波器在窗口中心的响应 $g_{R_1}(x,y)$ 是 K_{R_1} 与滤波窗口所有限速点灰度值累加的乘积。计算方法如图 3-3 所示，结果如图 3-4 所示。

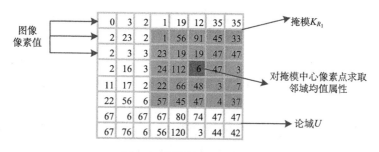

图 3-3　邻域均值提取方法

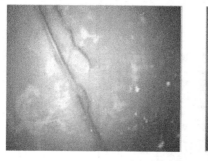

(a) 原图像　　　　　　　　　　(b) 知识提取后

图 3-4　邻域均值提取结果

为了区分不同的亮度区域，实现亮度均衡，需要对原图像近似划分亮度层。为了使划分像素带后得到的亮度层的模近似相同，需要先对图像做理想条件下的均匀划分，然后用知识 R_1 对均匀划分结果 X 分别计算上近似（upper approximation）与下近似（lower approximation），从而得到亮度层。

分类层数为 N，则以 $x \times y / N$ 个像素点组成的集合为一个亮度层，背景知识 R_1 从最亮到最暗依次求取每个亮度层。

给定整幅图像 U 和 U 的一簇子集 $\pi = \{x_1, x_2, x_3, \cdots, x_i, \cdots, x_m\}$（$x_i$ 表示图像像素点组成的集合），且满足：① $x_i \neq \varnothing$；② $A = \bigcup\limits_{i=1}^{m} A_i$；③ $A_i \bigcap A_j \neq \varnothing, 1 \leqslant i \leqslant m$，$1 \leqslant j \leqslant m, i \neq j$。那么这些子集簇称为论域 U 的一个划分。

对知识库 $K = (U, R)$ 来说，用 R_1（邻域灰度值）求取均匀划分：

$$U / R_1 = \{T_0, T_1, \cdots, T_i, \cdots, T_{255}\} \tag{3-5}$$

其中

$$T_i = \{G(x, y) \big| [G(x, y) \in U] \wedge [g_{R_1}(x, y) = i]\}, \quad 0 \leqslant i \leqslant 255 \tag{3-6}$$

从式 (3-6) 可以看出一个灰度值为一个集合。其中，$R_1 \in R$，则 R_1 称为 U 上的一个等价关系（equivalence relation）。

对于均匀划分的亮度层 X_i，用论域 U 中的像素点灰度值划分的知识库求取 X_i 的上近似与下近似，将得到的结果作为亮度层的近似划分结果。求取方法如图 3-5 所示。

图 3-5 中，U / R_1 表示 U 依据知识 R_1 的一个划分；X_i 表示均匀划分的某灰度级像素点所组成的集合，其中 i 表示第 i 个亮度层；$\overline{R_1}(X_i)$ 表示由 U / R_1 对 X_i 求取上近似；$\underline{R_1}(X_i)$ 表示由 U / R_1 对 X_i 求取下近似；$bn_{R_1}(X_i)$ 表示 U / R_1 关于 X_i 的边界域（boundary）。

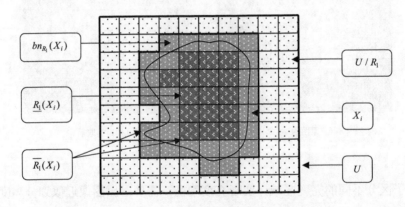

图 3-5　求取上近似、下近似及边界域

首个亮度层 X_1 计算上近似：因为均匀划分的亮度层从 X_1 到 X_N 像素值递增，T_1 为 X_1 的子集，同理 T_2 为 X_2 的子集，$T_0 + T_1 + \cdots + T_i + \cdots + T_n$ 满足条件：

$$\left| \sum_{j=0}^{n} T_j \right| \leqslant N < \left| \sum_{j=0}^{n+1} T_j \right| \tag{3-7}$$

$T_0 + T_1 + \cdots + T_i + \cdots + T_n$ 为 $\underline{R_1}(X_1)$，记作 x_1^{lower}。满足条件：

$$\left| \sum_{j=0}^{n} T_j \right| < N \leqslant \left| \sum_{j=0}^{n+1} T_j \right| \tag{3-8}$$

$T_0 + T_1 + \cdots + T_i + \cdots + T_n + T_{n+1}$ 为 $\overline{R}_1(X_1)$，记作 x_1^{upper}。

下近似递推关系式为

$$\underline{R}_1(X_i) = \{T_m + T_{m+1} + \cdots + T_{m+n}\}, \quad \left|\sum_{j=0}^{n}T_{m+j}\right| \leqslant N < \left|\sum_{j=0}^{n+1}T_{m+j}\right| \quad (3\text{-}9)$$

上近似递推关系式为

$$\overline{R}_1(X_i) = \{T_m + T_{m+1} + \cdots + T_{m+n+1}\}, \quad \left|\sum_{j=0}^{n}T_{m+j}\right| < N \leqslant \left|\sum_{j=0}^{n+1}T_{m+j}\right| \quad (3\text{-}10)$$

x_i 表示近似求取的亮度层 x_i^{lower}、x_i^{upper}。N=4, 10, 20, 150 时，计算得到的亮度层划分情况如图 3-6 所示。

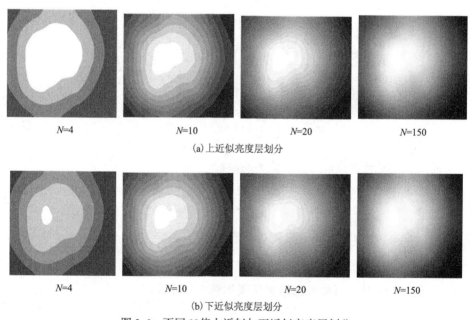

(a) 上近似亮度层划分

(b) 下近似亮度层划分

图 3-6　不同 N 值上近似与下近似亮度层划分

图 3-6 中的每一幅图像中一个灰度级为一个亮度层，从上下两组图像的对比可以看出通过上近似或下近似求得的亮度层可以看作原图的进一步划分，这里将划分结果记作知识 R_2。

3.4　自适应分层的背景亮度均衡及前景纹理增强

同一亮度层像素点具有相同的亮度等级，而不同层之间的亮度梯度仍然较大。为了使图像的各个部分具有相同的亮度等级，需要将阴影区域和过亮区域的均值和方差进行重计算，将其值均衡到平均水平。

首先选取标定亮度区域：$[\alpha, \beta]$，其中 $0<\alpha<\beta<1$，当 $i<\alpha\cdot N$，x_i 为阴影区域亮度层；当 $i>\beta\cdot N$，x_i 为过度曝光区域亮度层。逐层增强公式为

$$G(x,y)_{x_i}^{\text{even}} = \frac{\sigma^{\text{normalarea}}}{\sigma_i^{\text{layer}}}[G(x,y)_{x_i}^{\text{layer}} - \eta_i^{\text{layer}}] + \eta^{\text{normalarea}} \qquad (3\text{-}11)$$

其中，$G(x,y)_{x_i}^{\text{layer}}$ 表示待处理的原图像素点的像素值；$G(x,y)_{x_i}^{\text{even}}$ 表示处理该像素点后的灰度值；$\eta^{\text{normalarea}}$ 表示正常区域像素点像素值的均值：

$$\eta^{\text{normalarea}} = \sum_{i=\alpha N}^{\beta N}\sum_{j=1}^{n_i} G_j(x,y)_{x_i}^{\text{layer}} \bigg/ \sum_{i=\alpha N}^{\beta N} n_i \qquad (3\text{-}12)$$

$\sigma^{\text{normalarea}}$ 表示正常区域像点像素值的标准差：

$$\sigma^{\text{normalarea}} = \sum_{i=\alpha N}^{\beta N}\sum_{j=1}^{n_i}\Big[G_j(x,y)_{x_i}^{\text{layer}} - \eta^{\text{normalarea}}\Big]^2 \bigg/ \sum_{i=\alpha N}^{\beta N} n_i \qquad (3\text{-}13)$$

σ_i^{layer} 表示 x_i 亮度层的像素点像素值的标准差：

$$\sigma_i^{\text{layer}} = \frac{1}{n_i}\sum_{j=1}^{n_i}\Big[G_j(x,y) - \eta_i^{\text{layer}}\Big]^2 \qquad (3\text{-}14)$$

η_i^{layer} 表示 x_i 亮度层的像素点像素值的均值：

$$\eta_i^{\text{layer}} = \frac{1}{n_i}\sum_{j=1}^{n_i} G_j(x,y)_{x_i}^{\text{layer}} \qquad (3\text{-}15)$$

其中，n_i 表示 x_i 亮度层的像素点的总个数；$G_j(x,y)_{x_i}^{\text{layer}}$ 表示划分的第 i 个亮度层的第 j 个像素点的灰度值。

$N=4, 10, 150$ 时，近似分层增强结果如图 3-7 所示。

　原图像　　　　　　　　N=4　　　　　　　　N=10　　　　　　　　N=150

(a) 对上近似划分亮度层的原图像逐层增强的结果

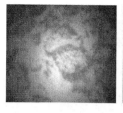  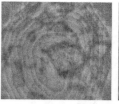 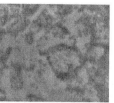

原图像　　　　　　　$N=4$　　　　　　　$N=10$　　　　　　$N=150$

(b) 对下近似划分亮度层的原图像逐层增强的结果

图 3-7　N 取不同值时近似分层增强结果

从增强后的结果可以看出，上近似与下近似处理结果几乎没有差异，N 值较小时，相邻层之间亮度分布依然不均匀；N 值较大时，亮度得到很好的均衡，但计算量较大，处理缓慢且容易造成图像失真。随着 N 值由小到大变化，图像越来越清晰，当 N 足够大时图像不再变化，说明存在一个最佳 N 值，该值为最佳分类层数。

为了自适应得到精确 N 值，计算系统参数重要度和近似分类精度，系统参数重要度的大小代表知识分类的精度，其值越趋近于 1，则知识越精确。

根据式 (3-5) 和式 (3-6)，近似分类精度与系统参数重要度的计算公式为

$$\alpha_{R_1}\left[\pi(U)\right] = \frac{\sum_{i=1}^{N}|\underline{R}(x_i)|}{\sum_{i}^{N}|\overline{R}(x_i)|} \tag{3-16}$$

$$\mathrm{sig}_{R_1}(X_i) = \frac{\sum_{i=1}^{n}|U - bn_{R_1}(X_i)|}{n|U|} \tag{3-17}$$

随着 N 的增加，上近似与下近似及边界域都趋近于 0。当上近似等于下近似时，系统参数重要度和近似分类精度在 1 处收敛，此时的分类层数 N 为最佳分类层数。

3.5　实验结果与对比分析

为了验证本章提出的基于粗糙集理论的水下图像增强算法的性能，选择了三幅典型水下大坝裂缝图像为实验数据，如图 3-8 所示。其中图 3-8(a) 为弱裂缝图像，纹理丰富且存在大量阴影区域；图 3-8(b) 为大裂缝图像，由于过度曝光，亮

度分布差距较大；图 3-8(c)为坝体表面被腐蚀后的图像，存在大量无规则的裂缝。将这三幅图像采用本章算法进行增强，为了分析该算法的有效性，将增强结果与 Mask 算法增强结果、Wallis 算法增强结果进行对比。

(a) 弱裂缝　　　　　　　(b) 大裂缝　　　　　　　(c) 表面被腐蚀

图 3-8　三幅典型水下大坝裂缝图像

3.5.1　增强实验

对于图 3-8 中的三幅图像取 N=10，区域下限 α =0.4，区域上限 β =0.6，上近似划分亮度层并逐层增强的结果如图 3-9 所示。图像中每一层的纹理得到一定程度的增强，但由于 N 值选取不精确，每一层之间存在明显的边界，划分的精细度不够，N 值选取过小。

原图像　　　　　　　背景知识提取　　　　　上近似划分亮度层　　　　按层均衡亮度

(a) 对弱裂缝的水下大坝裂缝图像按照算法各个步骤处理结果

原图像　　　　　　　背景知识提取　　　　　上近似划分亮度层　　　　按层均衡亮度

(b) 对大裂缝的水下大坝裂缝图像按照算法各个步骤处理结果

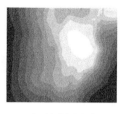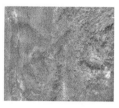

| 原图像 | 背景知识提取 | 上近似划分亮度层 | 按层均衡亮度 | 获取原图 |

(c)对表面被腐蚀的水下大坝裂缝图像按照算法各个步骤处理结果

图 3-9　$N=10$，$\alpha=0.4$，$\beta=0.6$ 增强处理

对于图 3-8(a)取区域下限 $\alpha=0.4$，区域上限 $\beta=0.6$，$N=4, 6, 10, 20, 30, 100, 150, 200$ 时的处理结果如图 3-10 所示。

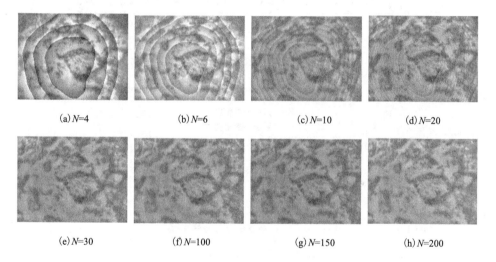

| (a) $N=4$ | (b) $N=6$ | (c) $N=10$ | (d) $N=20$ |

| (e) $N=30$ | (f) $N=100$ | (g) $N=150$ | (h) $N=200$ |

图 3-10　图 3-8(a)随 N 增大处理结果变化图

从图 3-10 可以看出随着 N 的增加，相邻层间的亮度差异越来越淡化，上近似、下近似及边界域的值随分类层数 N 变化的曲线如图 3-11 所示。

边界域在 $N=250$ 附近趋近于 0，这时集合 X_i 是论域 U 相对于 R_1 的精确集，表明划分已经足够精细。为了更加准确地求取最佳分类层数 N，计算系统参数重要度、近似分类精度，它们的值随分类层数 N 变化的曲线如图 3-12 所示。

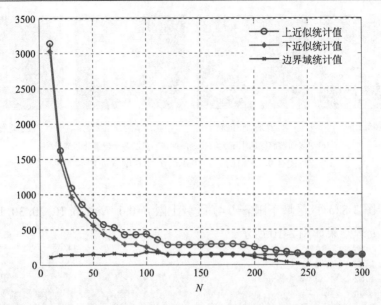

图 3-11　图 3-8(a)上近似、下近似及边界域的值随分类层数 N 变化的曲线

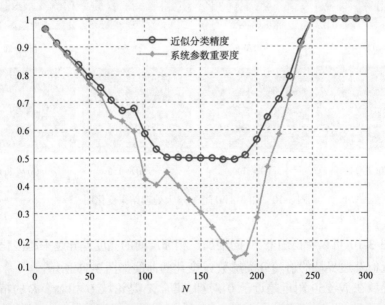

图 3-12　图 3-8(a)的系统参数重要度、近似分类精度的值随分类层数 N 变化的曲线

从图 3-12 可以看出，当 $N=240$ 时，系统参数重要度和近似分类精度的值都收敛于 1，此时它们快速趋近于相等，说明此时 N 的值为最佳分类层数。

同样对于图 3-8(b)，取区域下限 $\alpha=0.4$，区域上限 $\beta=0.6$，$N=4, 6, 10, 20, 30,$

100, 150, 200 时的处理结果如图 3-13 所示。

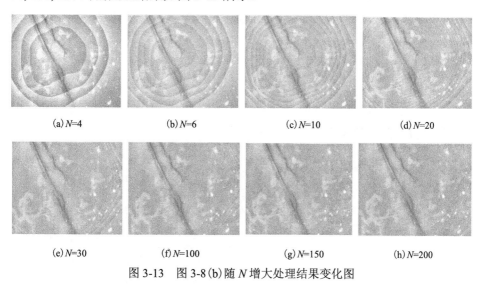

(a) N=4　　　　　　(b) N=6　　　　　　(c) N=10　　　　　(d) N=20

(e) N=30　　　　　　(f) N=100　　　　　(g) N=150　　　　　(h) N=200

图 3-13　图 3-8(b) 随 N 增大处理结果变化图

上近似、下近似及边界域的值随分类层数 N 变化的曲线如图 3-14 所示。

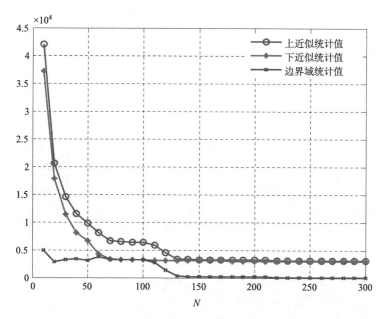

图 3-14　图 3-8(b) 上近似、下近似及边界域的值随分类层数 N 变化的曲线

　　边界域在 N=150 附近趋近于 0，为了更加准确地求取最佳分类层数 N，计算系统参数重要度、近似分类精度，它们的值随分类层数 N 变化的曲线如图 3-15 所示。

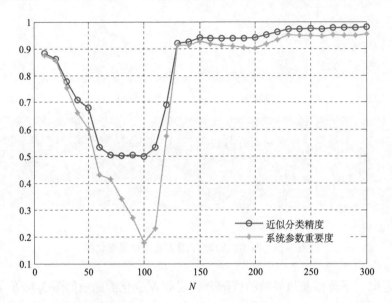

图 3-15　图 3-8(b) 的系统参数重要度、近似分类精度的值随分类层数 N 变化的曲线

　　从图 3-15 可以看出当 N=140 时，系统参数重要度和近似分类精度的值都收敛于 1，此时它们快速趋近于相等，说明此时 N 的值为最佳分类层数。

　　同样对于图 3-8(c)，取区域下限 α =0.4，区域上限 β =0.6，N=4, 6, 10, 20, 30, 100, 150, 200 时的处理结果如图 3-16 所示。

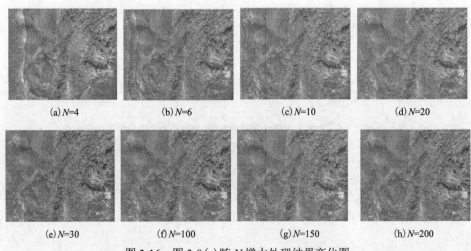

(a) N=4　　　　　(b) N=6　　　　　(c) N=10　　　　　(d) N=20

(e) N=30　　　　　(f) N=100　　　　　(g) N=150　　　　　(h) N=200

图 3-16　图 3-8(c) 随 N 增大处理结果变化图

上近似、下近似及边界域的值随分类层数 N 变化的曲线如图 3-17 所示。

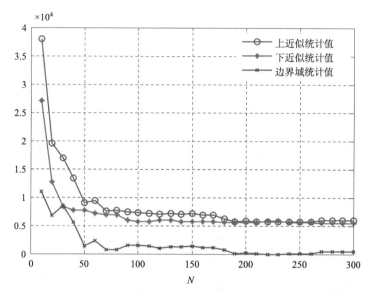

图 3-17　图 3-8(c)上近似、下近似及边界域的值随分类层数 N 变化的曲线

边界域在 $N=200$ 附近趋近于 0，此时上近似约等于下近似。为进一步确定图 3-8(c)的最佳 N 值，系统参数重要度、近似分类精度值随分类层数 N 变化的曲线如图 3-18 所示。

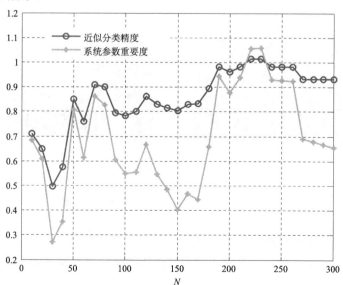

图 3-18　图 3-8(c)的系统参数重要度、近似分类精度的值随分类层数 N 变化的曲线

从图 3-18 可以看出当 $N=190$ 时，系统参数重要度和近似分类精度的值都收敛于 1，此时它们快速趋近于相等，说明此时 N 的值为最佳分类层数。

对图 3-8 中三幅图的最终处理结果如图 3-19 所示。

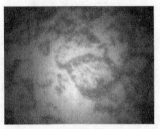 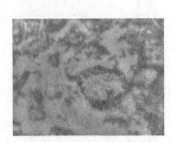

原图像　　　　　　　　　　　处理后的图

(a) 图 3-8(a) 处理前后对比 (自适应 N 值取 240)

 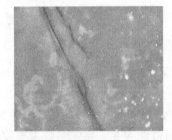

原图像　　　　　　　　　　　处理后的图

(b) 图 3-8(b) 处理前后对比 (自适应 N 值取 140)

原图像　　　　　　　　　　　处理后的图

(c) 图 3-8(c) 处理前后对比 (自适应 N 值取 190)

图 3-19　对图 3-8 中三幅图的最终处理结果

通过实验可以看到增强结果的好坏取决于能否准确自适应求取 N，同时也说明本章算法对水下特殊环境条件下的大坝纹理图像具有很好的适用性，可以有效增强大坝表面的纹理信息。

3.5.2　实验分析

将图 3-8(a)～(c)三幅图用经典的 Mask 增强算法和 Wallis 增强算法进行处理,并将处理结果与本章提出的算法处理结果进行对比,实验结果如图 3-20 所示。

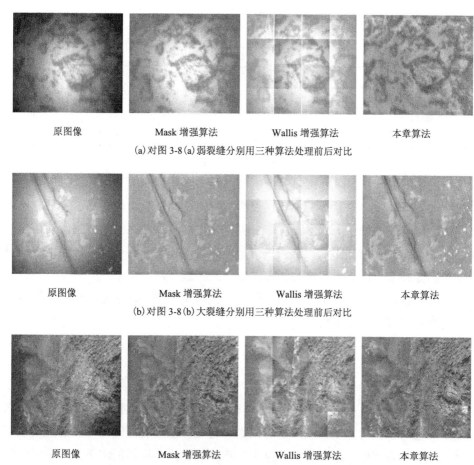

原图像　　　　Mask 增强算法　　　　Wallis 增强算法　　　　本章算法
(a) 对图 3-8(a)弱裂缝分别用三种算法处理前后对比

原图像　　　　Mask 增强算法　　　　Wallis 增强算法　　　　本章算法
(b) 对图 3-8(b)大裂缝分别用三种算法处理前后对比

原图像　　　　Mask 增强算法　　　　Wallis 增强算法　　　　本章算法

获取原图

(c) 对图 3-8(c)被腐蚀的大坝表面分别用三种算法处理前后对比

图 3-20　对图 3-8(a)～(c)用 Mask 增强算法和 Wallis 增强算法处理后与本章算法对比

图 3-20 可以看出 Mask 增强算法对图像细节有一定程度的增强,但是整体效果并不理想,阴影区域的纹理仍然被少量阴影遮挡,且整体的亮度并没有得到完全均衡;Wallis 增强算法对分块的局部图像细节具有很好的增强效果,但是由于算法本身分块的缺陷,块与块之间的差异并没有被消除;本章算法处理后的图像各个区域的细节都得到很好的增强,且亮度处于平均水平,清晰度高于其他两种

算法。

　　为了更为客观地评价增强算法的可靠性，还需要对增强后的图像进行质量评价。峰值信噪比(peak signal-to-noise ratio，PSNR)是一项可靠的图像质量评价参数，在计算该参数的同时还综合了图像的信息量(均值、方差)和图像的纹理细节表现能力(信息熵)，计算结果如表 3-1 所示。

表 3-1　三种增强算法性能参数比较

增强算法	信噪比	峰值信噪比	信息熵	均值	方差
Wallis 增强算法	16.890	19.737	0.3997	222.50	17.72
Mask 增强算法	14.678	17.526	0.3605	178.05	12.49
本章算法	18.239	21.087	0.8247	183.12	13.27

　　对表 3-1 中的数据进行比较分析，可以看出本章算法的 PSNR、SNR 参数较 Mask 增强算法、Wallis 增强算法大，表明本章算法的抗噪声能力是这三种算法中最优的。但是方差处于 Mask 增强算法和 Wallis 增强算法之间，对图像的信息的保留略低于 Wallis 增强算法。从图像信息熵来看，本章算法明显高于其他算法，说明其图像细节表现能力在这几种算法中做到了最好。

　　总的来看，基于粗糙集上下近似的水下大坝裂缝增强算法处理结果不管是局部还是整体亮度都保持了较好一致性。

3.6　本 章 小 结

　　本章先介绍了几种经典的图像增强算法，由于水下图像低信噪比、亮度分布极度不均匀、水体对光的吸收散射等问题，这些算法具有局限性。为了解决水下裂缝图像的增强问题，本书提出了基于粗糙集理论上下近似的水下大坝裂缝增强算法，实现了算法在水下环境的适应性。通过对多类水下裂缝图像处理结果以及多种增强算法处理的结果分析对比，表明该算法能够有效地对水下大坝裂缝图像进行增强，较其他增强算法鲁棒性好，增强后的图像噪声少、亮度均衡，适用于各种复杂水下环境的裂缝图像。

参 考 文 献

[1]　张懿, 刘旭, 李海峰. 自适应图像直方图均衡算法[J]. 浙江大学学报(工学版), 2007, 41(4): 630-633.

[2] Land E H, McCann J J. Lightness and retinex theory[J]. Journal of the Optical Society of America, 1971, 61 (1): 1-11.

[3] Gonzalez R C, Woods R E, Eddins S L. Digital Image Processing Using MATLAB[M]. New Jersey: Prentice-Hall, 2003.

第4章　基于仿鲨复眼机制的水下图像增强算法

4.1　引　　言

由于水对光具有选择性吸收效应、散射以及卷积特性，水下图像具有图像细节严重模糊、亮度不均匀且图像对比度差的特性。并且水下成像光线的强弱分布呈现中心向四周扩散的特点，使得水下图像背景灰度不均匀。此外，水体的流动，以及水中存在的微粒、浮游生物、悬浮物等，使得水下图像包含大量的噪声，导致图像具有信噪比低、成像质量差的特点。为了能够解决水下图像模糊和光照不均以及对比度不明显的问题，受水下生物"鲨"的视觉机理启发，本章拟尝试采用仿水下生物视觉这一新的思路来解决该问题。本章提出一种仿鲨复眼机制的图像增强方法。该算法首先利用生物视觉特性，对图像进行光照均匀处理，然后通过模拟水下生物"鲨"的侧抑制增强机制对水下图像进行增强。为了只针对目标信息增强，本章还引入了非对称窄条近似估计裂缝信息，针对提取出来的边缘信息进行侧抑制增强。另外，由于窄条(stick)的长度对增强效果有一定的影响，本章提出了自适应窄条估计算法，该算法能够根据图像的整体噪声信息，计算出适当的窄条长度，解决增强效果和计算量的冲突。

4.2　仿鲨复眼图像增强机制

4.2.1　生物视觉亮度均匀原理

生物学研究表明，眼睛的主观亮度是进入人眼的光强度的对数函数。图 4-1 所示即为实际光强的对数与人眼的主观亮度的关系曲线[1]。

人类视觉系统能够适应的光强级别是非常宽的，但是人的视觉系统不能同时在一个范围内工作，所以必须通过改变整个视觉系统的灵敏度来实现这一功能，该现象即为人眼的亮度适应现象。例如，图 4-1 中，长交叉线表示光强的对数与主观亮度之间的关系，而短交叉线表示当人眼适应该光强为 B_a 级时，人眼能感觉到的主观亮度范围。若亮度超出该段交叉线范围，所有的刺激都可以看作不可分辨的黑色。对于任何一组给定的条件，视觉系统当前的灵敏度级别称为亮度适应级别。

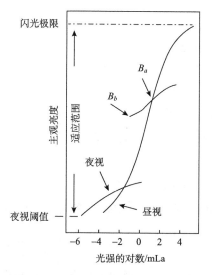

图 4-1　光强的对数与主观亮度关系曲线

$1mLa (朗伯) = 3.183 cd/m^2$

由于人眼的亮度适应特性发生在眼睛视觉系统的初期，完全符合对数模型。而对数变换可以通过对图像全局明暗程度进行非线性调整，在一定程度上压缩图像像素值的动态范围，扩展高值图像中的暗像素区域，完成图像的全局亮度变化，以适应人类视觉系统对于光强的主观感觉特性。

对数变换的一般表达式为

$$I_n(x, y) = c \times \log_2 \left[I(x, y) + 1 \right] \tag{4-1}$$

$$I_g(x, y) = I_n(x, y) / \log_2 256 \tag{4-2}$$

其中，$I(x, y)$ 表示原图像在 (x, y) 处的像素值；$I_n(x, y)$ 表示对 (x, y) 坐标处像素进行亮度变换后的像素值；$I_g(x, y)$ 表示对 (x, y) 坐标处亮度变化后的像素值 $I_n(x, y)$ 进行归一化后获得的亮度值。

针对水下光照亮度不均匀导致的水下大坝裂缝图像的背景灰度不均匀现象，可以利用上述提出的人眼亮度均匀方法调节，有效地压缩该类图像像素值的动态范围，并且提高图像的暗像素区域的亮度，完成水下图像的全局亮度调整，提高后续算法的自适应能力。

4.2.2　鲨复眼仿生机制

鲨，是一种生活在海洋中的大型节肢动物，是世界上最古老的生物之一，有"活化石"之称。鲨有两对眼睛，在背部前端有一对单眼，在头胸甲两侧有一对复眼，其中每只眼睛都由若干个小眼组成。H. K. Hartline 等对鲨的复眼进行了长达 40 多年的深入研究，成功揭示了鲨视觉神经功能，提出了"侧抑制机理"，并因此获得了诺贝尔生理学或医学奖。

鲨的侧抑制机理[2]，即将鲨复眼中的每一个小眼都看作一个单独的感受器，当其中一个感受器受到刺激产生兴奋时，其抑制野内的其他感受器所产生的兴奋会对其产生抑制作用，而且抑制的强度与两个感受器之间的距离有关。即在侧抑制网络中，每个感受器的输出是该感受器接受外部刺激所产生的兴奋性影响和周围感受器对其抑制性影响相互作用的结果。

因此，建立侧抑制网络需要从侧抑制网络模型、侧抑制系数分布以及抑制野的范围三个方面进行考虑。

1) 侧抑制网络模型

根据感受器 j 对感受器 i 的侧抑制作用的量值究竟是取决于其感受器 i 的输入还是输出，可以将侧抑制模型分为非循环抑制模型和循环抑制模型，如图 4-2 所示，其中图 (a) 为非循环抑制图，图 (b) 为循环抑制图。

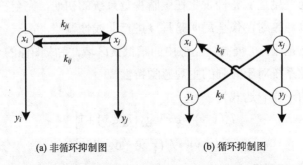

(a) 非循环抑制图　　　　　　　(b) 循环抑制图

图 4-2　非循环侧抑制模型和循环侧抑制模型原理图

其中，感受器 i 的输入为 x_i，输出为 y_i，感受器 j 对感受器 i 的抑制系数为 k_{ij}。若感受器 i 的抑制野内的所有感受器对其的抑制总和为 $\sum k_{ij} x_i$，则该模型为非循环抑制模型。若感受器 i 的抑制野内的所有感受器对其的抑制总和为 $\sum k_{ij} y_i$，则该模型为循环抑制模型。

根据感受器 j 对感受器 i 的抑制影响方式是总和作用还是分流作用，可以将侧抑制模型分为减法模型和分流模型，其原理图如图 4-3 所示，其中图 (a) 为减法模型，图 (b) 为分流模型。

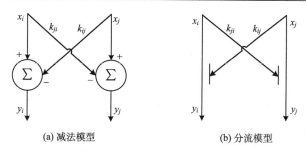

(a) 减法模型　　　　　　　　　　　(b) 分流模型

图 4-3　减法模型和分流模型原理图

在减法模型中，每个感受器的输出是该感受器的兴奋性输出与抑制野内所有感受器的抑制性输出的总和。而在分流模型中，每个感受器的兴奋性输出是由抑制野内所有感受器对该感受器的兴奋性输入进行抑制后产生的输出。

因此，常见的二维侧抑制模型主要分为以下三种。

（1）二维减法非循环模型：

$$y_{ij} = x_{ij} - \sum_{p=-R}^{R} \sum_{q=-R}^{R} k_{ij,pq} x_{pq} \tag{4-3}$$

（2）二维分流非循环模型：

$$y_{ij} = x_{ij} \cdot \frac{x_{ij}}{\sum_{p=-R}^{R} \sum_{q=-R}^{R} k_{ij,pq} x_{pq}} \tag{4-4}$$

（3）二维减法循环模型：

$$y_{ij} = x_{ij} - \sum_{p=-R}^{R} \sum_{q=-R}^{R} k_{ij,pq} y_{pq} \tag{4-5}$$

其中，x_{ij}, y_{ij} 分别表示感受器单元 (i,j) 的输入及输出；$k_{ij,pq}$ 表示感受器单元 (p,q) 对感受器单元 (i,j) 的抑制系数；R 表示抑制野的半径。

2）侧抑制系数分布

Hartline 等对鲨所做的电生理实验发现，感受器 j 对感受器 i 的抑制作用随着两个感受器之间的距离增大而减小。研究者对不同的对象进行深入研究发现，常用的侧抑制系数分布模型主要有双曲线、高斯曲线、双峰高斯曲线等权函数。

（1）双曲线分布：

$$k_{ij,pq} = \begin{cases} \alpha / d_{ij,pq}, & \text{若} d_{ij,pq} \geqslant 1 \\ 0, & \text{其他} \end{cases} \tag{4-6}$$

(2)高斯曲线分布：

$$k_{ij,pq} = \frac{1}{\beta} \cdot \frac{1}{\sqrt{2\pi}\sigma} \exp\left[-\frac{(d_{ij,pq}-\mu)^2}{2\sigma^2}\right] \tag{4-7}$$

(3)双峰高斯曲线分布：

$$k_{ij,pq} = \frac{1}{\beta}\left(\frac{1}{\beta_1} \cdot \frac{1}{\sqrt{2\pi}\sigma_1} \exp\left[-\frac{(d_{ij,pq}-\mu_1)^2}{2\sigma_1^2}\right] - \frac{1}{\beta_2} \cdot \frac{1}{\sqrt{2\pi}\sigma_2} \exp\left[-\frac{(d_{ij,pq}-\mu_2)^2}{2\sigma_2^2}\right]\right)$$

$$\tag{4-8}$$

其中，二维侧抑制模型中两个感受器单元 (i, j) 和 (p, q) 之间的距离定义为欧几里得距离 $d_{ij,pq} = \sqrt{(i-p)^2+(j-q)^2}$。

3)抑制野的大小

抑制野是指能对中心感受器 i 产生抑制作用的所有感受器的范围。由于侧抑制作用存在空间总和效应，因此抑制野的范围越大，即对感受器 i 产生抑制作用的感受器越多，则感受器 i 受到的抑制作用越大，图像边缘的"勾边"效果就越明显。但是随着抑制野范围的增大，系统的运行时间和空间将会大幅度提高，严重影响系统的实时性。因此，考虑到精确度以及实用性，通常将抑制野范围设置为中心感受器单元的 3×3、5×5、7×7 及 9×9 邻域。

侧抑制网络的主要功能有：

(1)检测图像的边缘信息，增强边缘反差，具有"勾边"效应；

(2)抑制空间内低频信息，压缩输入变化范围，对均匀光照起到亮度调节作用；

(3)对屈光系统缺陷所引起的成像模糊进行补偿，使模糊的图像又变得清晰。

侧抑制网络将边框突出机制、亮度适应机制以及图像复原机制有效地结合起来。因此，侧抑制机理是一个解决水下图像的细节模糊、亮度不均匀、图像对比度差等问题的很好的突破口。

4.3　仿鲨复眼机制的图像增强算法

4.3.1　亮度自适应均匀

虽然可以通过对数函数对水下图像全局明暗程度进行非线性调整，在一定程度上压缩图像像素值的动态范围，扩展高值图像中的暗像素区域，完成图像的全局亮度变化，但是由于水下环境极其复杂，拍摄的水下图像具有多样性。为了能够满足该算法对不同亮度、类型、大小的图像的适应性，本节建立了参数对数模型来模拟生物视觉亮度系统。该模型可以根据图像自身的整体亮度情况自适应增强全局图像的亮度。其模型为

$$I_g(x,y) = c(k) \cdot \{\log_2[I(x,y)+k+1]/\log_2[m(k)] - t(k)\} \tag{4-9}$$

其中，$I(x,y)$ 表示原图像在坐标 (x,y) 处的像素值；$I_g(x,y)$ 表示在坐标 (x,y) 处全局亮度增强归一化后的像素值；$c(k)$、$m(k)$、$t(k)$ 表示根据图像自身的亮度信息确定全局对数调整的程度的参数。其中，

$$m(k) = 256 + k \tag{4-10}$$

$$t(k) = \log_2(k+1)/\log_2[m(k)] \tag{4-11}$$

$$c(k) = 1/[1-t(k)] \tag{4-12}$$

而 k 值是整个自适应算法的关键，k 值可以通过计算图像自身的灰度直方图来确定，即 k 值满足

$$k = \begin{cases} \text{Sum}[h(1:k)]/\text{Sum}[h(:)] \leqslant T \\ \text{Sum}[h(1:k+1)]/\text{Sum}[h(:)] > T \end{cases} \tag{4-13}$$

其中，$\text{Sum}[h(1:k)]$ 表示 1～k 的灰度级的统计直方图中所有灰度值的总和；T 表示阈值。通过式(4-9)～式(4-13)可以自适应地调整图像的全局亮度，以避免图像增强过亮而在后续步骤中失去有用的亮度信息，而且不再需要对不同亮度、类型、大小的图像进行人工调整参数，从而提高了该算法的实用性。

4.3.2　自适应非对称窄条引导的侧抑制

侧抑制网络不仅能够增强图像边缘的反差，突出边框并对图像进行亮度适应，还能对模糊图像进行复原，因此，针对水下图像的细节模糊、亮度不均匀、图像对比度差等问题，拟采用侧抑制机理来对水下图像进行预处理。但是由于侧抑制机理在对图像边缘增强的同时，对噪声信息也同样进行了增强，而水下图像具有低信噪比的特征，因此侧抑制机理并不完全适用于水下图像的增强，必须对其进行改进。

首先，采用式(4-3)的二维减法非循环模型来描述侧抑制机理。但是该算法中 $x_{ij} \to y_{ij}$ 的映射是压缩映射，会导致能量损失，在图像上表示为各点的灰度值被压缩，不利于观察边缘突出现象。所以在该模型上对灰度进行拉伸，减少能量损失，保证处理后的图像与处理前的图像明暗程度几乎一致。二维减法非循环侧抑制扩展模型为

$$y_{ij} = \frac{1}{1 - \sum\limits_{p=-R}^{R}\sum\limits_{q=-R}^{R}k_{ij,pq}} \times \left(x_{ij} - \sum_{p=-R}^{R}\sum_{q=-R}^{R}k_{ij,pq}x_{pq} \right) \quad (4\text{-}14)$$

对大量物种的复眼研究发现，距离受测试感受野略近的感受器比最邻近感受器的作用更强，因此，本书采用式(4-8)所示的双峰高斯曲线分布作为抑制系数。

在侧抑制机理对图像边缘与轮廓进行增强的同时，噪声信息也得到了同步增强。故对水下图像进行增强时，需要对扩展的侧抑制模型进行改进以提高其抗噪能力。针对水下目标在几何形状上呈线性，并且具有一定的方向性的特点，在扩展模型上引入了一个有选择性的抑制项来区别噪声及有用信息，并对有用信息进行增强。

为了对水下裂缝图像中的有用信息进行增强，抑制噪声信息，对扩展模型引入了非对称性窄条来引导侧抑制增强过程。

窄条主要分为对称性窄条和非对称性窄条[3, 4]。其中，对称性窄条实际上是一组带方向的数字化直线。由于图像的边缘可以看作一段一段的线段连接而成，因此可以用窄条来估计图像的边缘信息，剔除噪声信息。相对于对称性窄条，非对称性窄条对于图像边界以及轮廓，特别是线状结构端点处，能够估计得更加精确。

在一个长度为 l 的正方形中，以中点为原点，以 x 轴方向为起始方向，沿逆时针方向旋转 360°，便可以得到一组以正方形中心为起点的非对称性窄条。通过实验分析可得，一般长度为 l 的正方形可以分解为 $4l$–4 段长度为 $(l+1)/2$ 的窄条(方向模板)。例如，图 4-4 中正方形长度为 7，则非对称性窄条的长度为 4，共有 24 根窄条。

为了对水下裂缝进行针对性增强，本书在扩展模型的基础上，加入了引导抑制项(guided inhibition term, GIT)。引导抑制项的公式为

$$\text{GIT} = \lambda_2 g(i,j)(x_{ij}^+ - x_{ij}^-) \quad (4\text{-}15)$$

其中，λ_2 表示引导抑制项的权重系数；$g(i,j)$ 表示自适应权重项；x_{ij}^+ 和 x_{ij}^- 分别表示点 (i,j) 区域强度输入及周围强度输入。

为了达到抑制同质区域中噪声放大的目的，需要使自适应权重项满足在匀质区域较小而在边缘区域较大的条件，则设置自适应权重项 $g(i,j)$ 的公式为

$$g(i,j) = \frac{1}{4l-4}\sum_{n=1}^{4l-4}(\overline{I_n} - \bar{I})^2 \quad (4\text{-}16)$$

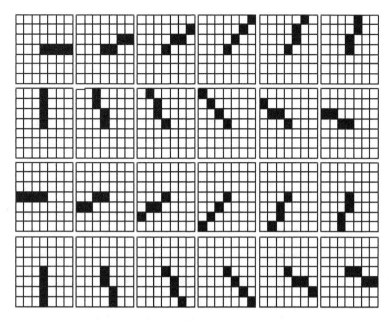

图 4-4　长度为 4 的非对称性窄条

其中，$\overline{I_n}$ 和 $\overline{I}$ 分别表示点 (i,j) 处沿着第 n 条窄条的灰度均值与沿着所有窄条的灰度均值的平均值方差，公式分别为

$$\overline{I_n} = \frac{2}{l+1} \sum_{m=1}^{(l+1)/2} I_{n,m}, \quad n = 1,2,\cdots,4l-4 \tag{4-17}$$

$$\overline{I} = \frac{1}{4l-4} \sum_{i=1}^{4l-4} \overline{I_i} \tag{4-18}$$

　　GIT 公式中，x_{ij}^+ 和 x_{ij}^- 分别表示点 (i,j) 区域强度输入及周围强度输入，其中区域强度输入 x_{ij}^+ 的公式为

$$x_{ij}^+ = \overline{I_k} \tag{4-19}$$

其中，k 表示点 (i,j) 处沿着第 n 条窄条的所有方差值 V_n 的最小值时的变量值，公式分别为

$$k = \underset{1 \leqslant n \leqslant 4l-4}{\arg\min}(V_n) \tag{4-20}$$

$$V_n = \frac{2}{l+1} \sum_{m=1}^{(l+1)/2} \left(I_{n,m} - \overline{I_n}\right)^2, \quad n = 1,2,\cdots,4l-4 \tag{4-21}$$

　　GIT 中的周围强度输入 x_{ij}^- 表示点 (i,j) 周围 $N \times N$ 像素区域内的平均亮度，可用周围邻域的平均灰度表示，即

$$x_{ij}^- = \frac{1}{l^2} \sum_{p=-(l+1)/2}^{(l+1)/2} \sum_{q=-(l+1)/2}^{(l+1)/2} x_{i+p,j+q} \tag{4-22}$$

而且，窄条的长度对增强效果有一定的影响：正方形长度 l 越大，其抗噪能力越强，但是也更容易导致目标边缘变得模糊，对短于窄条长度的线状结构或边缘的增强能力减弱，同时会增加计算量。若 l 越小，虽然可以保持边缘细节信息，但是除噪能力较差。因此适当的窄条长度能在增强图像边缘的同时抑制噪声的同步放大，对于图像的增强效果很重要。

通过上述分析可知，参数 l 的选取应该根据图像的噪声的实际情况自动获取。

由于在 $N \times N$ 窗口内，其方差既可以很好地反映该窗口内像素的变换特点，又可以很好地体现窗口内的局部图像信息，所以拟将方差作为窄条长度 l 的度量标准之一。图像中方差小的像素区域一般是图像的背景区域或者非边缘区域，因此可以将该像素值作为区分背景与边缘点或噪声点的参考，设置最小方差为参数 l 的度量标准的恒定因子。因此，正方形长度 l 的计算公式为

$$l = \begin{cases} k \times E_{\max} / E, & \text{若} l \text{为奇数} \\ k \times E_{\max} / E + 1, & \text{若} l \text{为偶数} \end{cases} \tag{4-23}$$

其中，E 表示图像 $N \times N$ 窗口内的灰度值的方差；$E_{\max}$ 表示整个图像中的最大方差；k 表示权重系数，一般针对同一类型的图像只需在第一次运行时手动设置。其中，方差和最大方差的公式分别为

$$E = \sum_{n=1}^{N \times N} [f(i, j) - M] \tag{4-24}$$

$$E_{\max} = \max(E) \tag{4-25}$$

其中，M 表示图像 $N \times N$ 窗口内的灰度值的均值，公式为

$$M = \frac{1}{N \times N} \sum_{n=1}^{N} f(i, j) \tag{4-26}$$

因此，可以根据图像中所有噪声分布的实际情况进行自适应计算适当的窄条长度，提升图像的增强效果，不仅能保证图像的边缘细节信息，而且可以有效地抑制噪声。

综上所述，本书提出的自适应非对称窄条引导侧抑制模型的公式为

$$y_{ij} = \frac{1}{1 - \sum_{p=-R}^{R} \sum_{q=-R}^{R} k_{ij,pq}} \left(x_{ij} - \lambda_1 \sum_{p=-R}^{R} \sum_{q=-R}^{R} k_{ij,pq} x_{ij} \right) + \lambda_2 g(i,j)(x_{ij}^+ - x_{ij}^-) \tag{4-27}$$

其中，λ_1 表示原始抑制项权重系数。

　　自适应非对称窄条引导侧抑制算法利用自适应窄条估计图像边缘，进而引导侧抑制增强过程，故该模型可以单独针对水下构筑物的裂缝进行增强，并且抑制图像噪声。

4.4　实验结果与对比分析

　　为了验证本章提出的算法，选择三幅典型的大坝裂缝图像，如图 4-5 所示。其中图(a)为光照不均匀的中等裂缝图像；图(b)为过度曝光的大裂缝图像；图(c)是光照均匀的弱裂缝图像。采用本章提出的仿鲨复眼机制的图像增强(imitating underwater biological vision enhancement，IUBVE)方法对上述三种经典大坝裂缝图像进行增强，并将增强结果与三种典型的增强算法，即直方图均衡化算法、反锐化掩模(unshape mask，UM)算法、原始侧抑制(original lateral inhibition，OLI)算法进行比较，实验效果如图 4-6～图 4-9 所示。

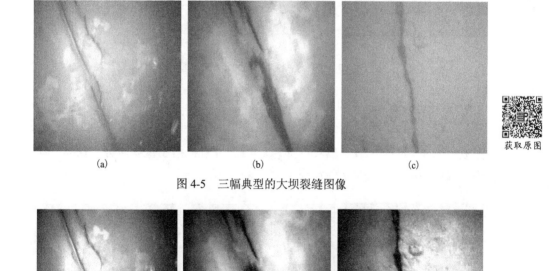

获取原图

(a)　　　　　　　　　　(b)　　　　　　　　　　(c)

图 4-5　三幅典型的大坝裂缝图像

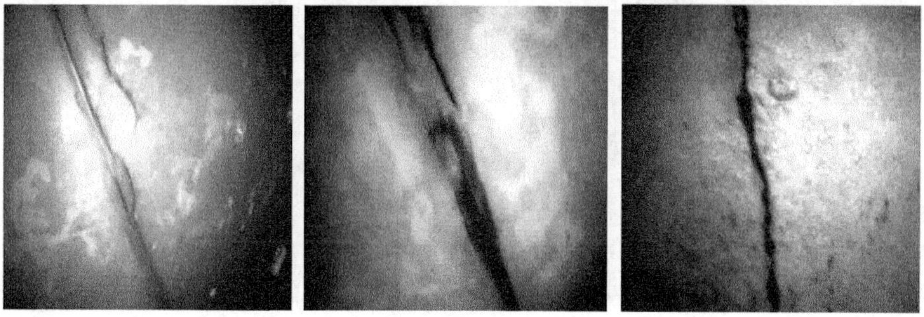

获取原图

(a)　　　　　　　　　　(b)　　　　　　　　　　(c)

图 4-6　直方图均衡化算法的实验效果

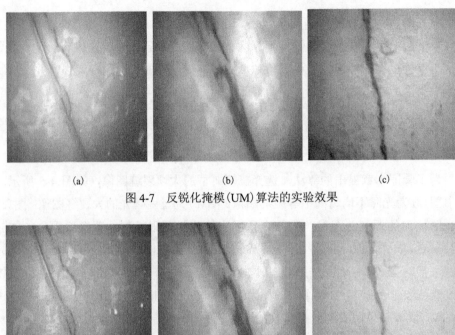

获取原图

(a)　　　　　　　　(b)　　　　　　　　(c)

图 4-7　反锐化掩模(UM)算法的实验效果

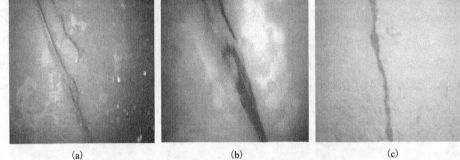

(a)　　　　　　　　(b)　　　　　　　　(c)

图 4-8　原始侧抑制(OLI)算法的实验效果

在实验中，将原始侧抑制与 GIT 的权重系数分别设置为 $\lambda_1 = 0.3$，$\lambda_2 = 0.8$；双峰高斯分布系数分别设置为 $\sigma_1 = 1$，$\sigma_2 = 1.6$，$\mu_1 = \mu_2 = 0$，$\beta = 1$，$\beta_1 = \beta_2 = 2$；抑制野范围设置为 $R = 11$；自适应参数设置为 $k = 2$。并且根据图像噪声分布信息，计算得到三幅图像的窄条长度 l 分别为 5，7，5。

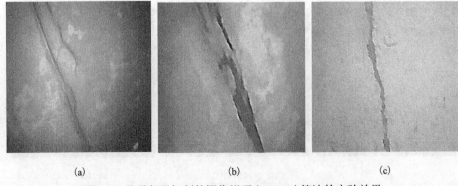

获取原图

(a)　　　　　　　　(b)　　　　　　　　(c)

图 4-9　仿鲨复眼机制的图像增强(IUBVE)算法的实验效果

从图 4-6~图 4-9 可以明显看出，直方图均衡化增强图像时，图像中亮的变得更亮，暗的变得更暗，不适合水下图像增强。OLI 模型对图像边缘增强效果相对较弱，而且同时放大了图像中的噪声点。UM 算法增强了图像的边缘的同时，也相应地抑制了噪声信息。本章提出的 IUBVE 算法的"勾边"效果明显，灰度表现力好，且图像平滑性较好，边界明显，并且有一定的抑制噪声的效果(注：由于单色印刷，图像色彩信息呈现可能受到影响)。

为了进一步验证算法的可靠性，引入了均方误差(mean-square error，MSE)、信噪比(signal-to-noise ratio，SNR)以及峰值信噪比(peak signal-to-noise ratio，PSNR)算子[5]。

均方误差(MSE)是计算原图像与处理后的图像数据的变化程度，MSE 可以评价数据的变化程度，MSE 的值越大，图像信息改变得就越多。定义为

$$\text{MSE} = \frac{1}{m \times n} \sum_m \sum_n [y(i,j) - x(i,j)]^2 \qquad (4\text{-}28)$$

其中，$y(i,j)$ 表示原图像；$x(i,j)$ 表示处理后的图像；$[m,n]$ 表示图像的大小。

信噪比(SNR)是信号与噪声的功率谱之比，即信号与噪声的方差之比，信噪比数值越高，噪声就越少。定义为

$$\text{SNR} = 10\lg \frac{I_{\max} - B}{\sigma_n} \qquad (4\text{-}29)$$

其中，$I_{\max}$ 表示图像最大的灰度值；B 表示背景灰度，即小于图像均值的像素的平均灰度值；σ_n 表示噪声标准差。

峰值信噪比(PSNR)是最广泛使用的评价图像质量的客观标准之一。定义为

$$\text{PSNR} = 10 \times \lg \left(\frac{255^2}{\text{MSE}} \right) \qquad (4\text{-}30)$$

针对过度曝光的大裂缝图像，本书分别对四种算法，即改进的直方图均衡化(HE)算法、改进的同态滤波(homomorphic filtering, HF)算法、高斯混合模型(Gaussian mixture model，GMM)算法以及本章算法(IUBVE)，计算处理后的图像的均方误差、信噪比以及峰值信噪比，并对其进行评价。结果如表 4-1 所示。

表 4-1　四种算法的噪声抑制性能的参数

参数	改进的 HE 算法	改进的 HF 算法	GMM 算法	IUBVE 算法
MSE	2.0858	9.1223	17.9656	27.6163
SNR	16.7902	18.7858	31.3809	59.3758
PSNR	18.4592	19.1268	30.9638	52.1985

　　从表 4-1 中可以看出，本章算法的峰值信噪比明显大于其他三种算法，这说明本章算法的噪声抑制的效果是以上四种方法中最好的。

　　为了验证本章算法的增强效果，绘制方向梯度直方图（histogram of oriented gradient，HOG）。

　　方向梯度直方图能够计算局部图像梯度的方向信息的统计值，主要是通过将图像划分为若干个大小统一的密集网格，针对每一个网格单元计算它们的灰度值的梯度变化。因此该方法能够很好地描述梯度或边缘的方向密度分布。

　　将本书图像分割为 80 个大小统一的网格单元，分别计算其梯度方向特征。从 80 个单元中取 20 个单元，采用三种不同的算法对图像进行处理，计算它们的方向梯度并进行显示，效果图如图 4-10 所示。

　　从图 4-10 可以看出，IUBVE 的增强性能要明显优于直方图均衡化、UM 算法。

　　综上所述，IUBVE 的增强和降噪性能要明显优于直方图均衡化、UM 算法、OLI 算法。直方图均衡化增强图像时，图像中亮的变得更亮，暗的变得更暗，不适合水下图像增强。OLI 模型对图像边缘增强效果相对较弱，而且同时放大了图像中的噪声点。UM 算法增强了图像的边缘的同时，也相应地抑制了噪声信息，但是它是基于全局的增强，并不是针对裂缝信息的增强。IUBVE 算法不仅使光照均匀，而且在明显增强裂缝边缘反差的同时，将噪声抑制在一个相对较低的水平。

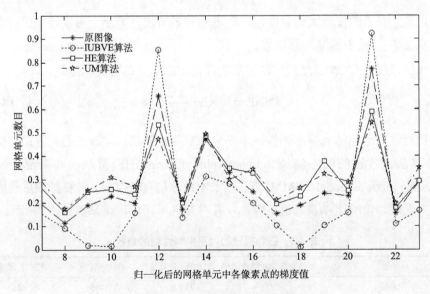

图 4-10　方向梯度直方图（HOG）

4.5　本章小结

　　针对水下大坝裂缝图像的非均匀亮度、低信噪比等特点，本章提出了一种基于水下生物仿生的水下图像增强算法。该算法首先根据生物视觉特性，对水下图像的非均匀亮度特性进行修正。然后模拟水下生物"鲨"的侧抑制增强机制对图像进行增强，但是由于它不能区分噪声结构和裂缝结构，引入自适应的非对称窄条来近似估计裂缝边缘信息对侧抑制进行引导。实验结果表明，该算法能够针对大坝裂缝进行增强，提高了裂缝的线性特征，并且抑制了大坝裂缝图像的噪声，具有很强的针对性和自适应性。

参 考 文 献

[1]　冈萨雷斯伍兹. 数字图像处理(Matlab 版)[M]. 阮秋琦译. 北京: 电子工业出版社, 2004.

[2]　李言俊, 张科. 视觉仿生成像制导技术及应用[M]. 北京: 国防工业出版社, 2006.

[3]　Xiao C, Su Z, Chen Y. A diffusion stick method for speckle suppression in ultrasonic images[J]. Pattern Recognition Letters, 2004,25(16): 1867-1877.

[4]　Tu S, Koning G, Tuinenburg J C, et al. Coronary angiography enhancement for visualization[J]. The International Journal of Cardiovascular Imaging, 2009,25(7): 657-667.

[5]　王湘晖, 曾明. 基于视觉感知的图像增强质量客观评价算法[J]. 光电子·激光, 2008, 19(2): 258-262.

第 5 章　基于水下低分辨率图像退化模型的图像增强算法

5.1　引　　言

　　光学成像系统在水下环境工作时，会因为水介质对光线传播所产生的作用而影响图像质量。由于水介质的密度比空气大得多，其组成成分也比空气复杂，因此相对于在一般的空气中拍摄光学图像，水下环境中的成像过程所遇到的问题更为复杂，相应的解决方法探索起来也更困难。要想对水下图像质量进行卓有成效的改善，就必须先对光学成像机制以及水下光学的传播特性进行细致而缜密的研究。

　　由于水下光学环境的复杂性和特殊性，不能盲目套用现有的图像处理方法，而是需要仔细研究光线在水介质中传播时各个过程的基础物理性质。水介质与空气不同的光学和物理特性就会导致水下图像出现与在空气中采集的普通图像所不同的质量退化现象。水介质通过以下两种方式对光线的传播产生影响：吸收和散射。吸收是指光线在水中传播时初始能量会产生衰减，它与水介质的折射率有关系。光线在水介质中传输时的衰减程度比在空气中的大很多，这就导致了水下成像所得数据的能见度十分有限。光线在传播时受到介质等因素干扰导致其偏离原有的传播方向，这样的现象称为散射。在水下环境中，偏离现象一般由水中悬浮颗粒物的大小与传播光线波长的关系，或者颗粒物质的折射率与水的折射率的不同导致。由于光线传播的方向发生了变化，到达成像平面的光线往往不能真实反映景物的细节。水下的散射光会对在该环境中采集的图像对比度产生极大的负面作用，严重影响到水下图像的质量。此外，不仅是水分子本身对光线会产生严重的吸收和散射，水中的其他物质，如能溶解于水中的某些有机物或者小而可见的漂浮颗粒等，也有可能会对在水中传播的光线产生一定的吸收和散射。

　　水下光学环境物理特性的复杂性，其中一个突出的表现就是水下环境的不确定性因素带来的影响比空气更加严重。水下图像的采集过程中受水介质对光线的散射和吸收作用，给图像质量带来非线性的影响，给水下图像造成对比度低、噪声干扰严重、纹理特征模糊等问题。要使得原本能够很好地适用于大气图像的超分辨率重构算法也能在水下图像上适用，首先需要研究和改进在水下环境中的低分辨率图像退化模型，使其能够在反映成像系统对高分辨率图像的退化作用的同时，也能准确反映在水介质中光线传播给成像质量带来的影响。

5.2　水下低分辨率图像退化模型

5.2.1　低分辨率图像退化模型

对低分辨率图像序列进行重构时，需要以图像的退化模型为基础。低分辨率图像的退化模型是联系成像系统中的观测数据和理想状态中得到的高分辨率图像之间的桥梁，呈现出了光线传播以及图像质量退化的过程。低分辨率图像的退化模型是否能够准确建立将直接关系到重构之后图像的质量。

对图像退化物理过程进行逆过程运算，就是图像的超分辨率重构技术。假设存在理想状态下对某一场景进行光学成像而得到的清晰无损高分辨率图像，该图像由一种满足采样定律的成像系统采集得到。如果是对运动物体成像，或者成像设备本身就在运动,此时得到的图像序列之间就会存在亚像素级的位移或者形变。而受到光线传播介质的吸收和散射作用以及镜头透光率的限制，会使图像产生一定程度的模糊化。最后，受到成像设备中的感光元件像素密度排列的制约，原本的高分辨率图像并不能完全被采集，而是会被感光元件进行降采样后才能得到最终的观测数据。所以在实际的光学成像过程中，共同存在着多种可能导致图像质量下降的因素，如光学传播介质的干扰、成像目标的相对运动、光流偏移以及降采样过程等。退化模型如图 5-1 所示。

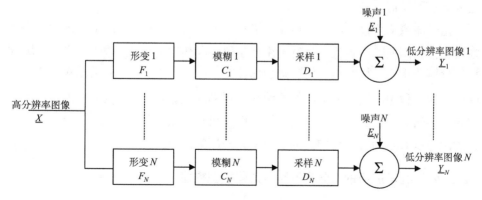

图 5-1　低分辨率图像退化模型

　　Farsiu 等[1]对超分辨率重构的问题进行综合分析和总结后，将成像过程中的图像质量退化问题简化为：原始高分辨率数据经过几何形变、线性的空间不变模糊和降采样，最后再掺入非齐次的加性高斯噪声后，最终得到低分辨率图像序列，其过程的数学模型为

$$\underline{Y}_k = \boldsymbol{D}_k \boldsymbol{C}_k \boldsymbol{F}_k \underline{X} + \underline{E}_k \tag{5-1}$$

其中，$k = 1, 2, \cdots, N$，N 表示最终生成的低分辨率图像序列 $\{\underline{Y}_k\}_{k=1}^{N}$ 中图像的总数量，序列中每张低分辨率图像分辨率大小表示为 $[M_k \times M_k]$；这些观测数据是由大小为 $[L \times L]$ 的原图像 $\underline{X}$ 经过各种不同的质量退化参数作用后产生的低分辨率图像；$\boldsymbol{F}_k$ 表示对高分辨率图像进行几何形变的矩阵，大小为 $[L^2 \times L^2]$；$\boldsymbol{C}_k$ 表示对形变后的高分辨率图像进行线性的空间不变模糊的降质矩阵，大小为 $[L^2 \times L^2]$；$\boldsymbol{D}_k$ 表示降采样矩阵，大小为 $[M_k^2 \times L^2]$，用于将高分辨率图像采样为低分辨率图像；$\underline{E}_k$ 表示生成第 k 幅低分辨率图像时被叠加上的加性噪声。关于采样率，有一条直观的法则：$L^2 < \sum_{k=1}^{N} M_k^2$，也就是说，观测得到的图像序列中，数据量需要大于重构后高分辨率图像中数据的量。

　　对于该模型中涉及的算子，Farsiu 等还做了进一步的详细解释。例如，几何形变矩阵 $\boldsymbol{F}_k$ 的存在显示了在第 k 幅未经降采样的、无加性噪声观测数据和原始的高分辨率图像 $\underline{X}$ 之间的光流存在一一对应的关系。如果低分辨率图像足够平滑，光流是可以被可靠地估计的，这种情况对应于全局运动特征。原始高分辨率图像和第 k 幅观测图像之间的采样率决定了降采样矩阵 $\boldsymbol{D}_k$，而采样率直接从 L^2 和 M_k^2 之间的比值得到。过高或过低的采样率分别会造成超分辨率重构问题过于病态和低分辨率图像信息利用不足。

　　由于图像退化模型中的噪声先验模型是未知且复杂的，为了简化问题，该模型被加性的高斯噪声替代。而对于由光学器件和传感器造成的模糊，该模型则假设超分辨率重构过程对基于先验知识估计的模糊矩阵 $\boldsymbol{C}_k$ 中的误差是鲁棒的。在实际的成像过程中，通过光学成像系统观测得到的数据量都是非常有限的。即便存在足够多的观测数据，估计的高分辨率图像仍存在很多的人为痕迹。所以图像序列的超分辨率重构过程可归结为一个病态问题的求解。

5.2.2　水下光学成像的低分辨率图像退化模型构建

　　在成像设备相同的情况下，水下图像质量要比大气图像质量差得多，这是因为光线在水介质中传播时，水介质对光线能量的衰减作用非常严重。并且不同于

光线在大气中的传播性质，光线在水下的能量会随着传播距离的增加呈现出指数形式的衰减。假设传播介质是均匀的，根据朗伯-比尔定律[2]有

$$I_\mathrm{d}(x,y) = J(x,y)t(x,y) \tag{5-2}$$

其中，$J(x,y)$ 表示初始光能量强度，是由物体反射光源光线产生的辐射光，对于成像系统来说，也就是清晰的水下图像；$I_\mathrm{d}(x,y)$ 表示光沿着传播路径传播后的剩余能量；$t(x,y)$ 为水的透射图。假设水体是均匀的，$t(x,y)$ 可表示为

$$t(x,y) = \mathrm{e}^{-cd(x,y)} \tag{5-3}$$

其中，c 为光线在水中的衰减系数；$d(x,y)$ 为光线从场景中点 (x,y) 传播到成像平面的距离，也即场景的景深。吸收和散射是水介质对光线进行能量衰减的两个重要途径，因此衰减系数可以表示为吸收系数和散射系数的和的形式：

$$c=a+b \tag{5-4}$$

其中，a 为吸收系数；b 为散射系数。

对于不同波长的光线，水介质对其的吸收作用程度也不尽相同。一般来说，波长在蓝色到绿色波段之间的光线，水介质对它们的吸收最少，有研究表明，该波段的光线在纯水中传播时每米的能量衰减只有大约 4%。然而水介质对于红色光线的吸收作用却非常强烈，导致红色光线在水下几乎很难长距离传输。对彩色图像来说，水介质对图像的三个颜色通道的吸收系数有 $a_\mathrm{R} < (a_\mathrm{G}, a_\mathrm{B})$。但是以上只是在纯水中的情况，在现实水域，水体对光线的吸收系数是非常难测量或者估计的。除了纯水中所含的水分子，真实水域中还包含了大量的悬浮颗粒物、水下生物以及有色溶质等物质，这些物质种类纷繁复杂，对光线的吸收作用程度和机理尚不明确，因此对某一特定水域进行吸收系数的研究需要消耗大量的精力。所以想要对水体对光线的吸收系数进行精确的估计是非常困难的。

与此同时，各种物质对光线的散射作用也会消耗光线的能量。光线在水下传播时未能按照其原有的路径进行传播，而是在介质内各种物质的共同影响下，往其他方向传播的现象，就是光线的散射。水体中所含有的水分子、有机溶质、悬浮颗粒物等物质都会造成光线的散射。如果真实水域的水质较差，泥沙等悬浮颗粒物、水中的大分子溶质含量较高时，上述物质对光线的散射作用比水分子本身对光线的散射作用要严重得多，也复杂得多。这也是水质越差的水域中水下图像质量往往也越差的原因。水体的散射系数 b 是指单位体积的水介质把光线的传播方向往某一角度进行偏移的能力的总和，可对体积散射函数作积分运算得到：

$$b=\int_{\Theta} \beta(\Theta)\mathrm{d}\Omega = 2\pi\int_0^{\pi} \beta(\theta)\sin\theta\mathrm{d}\theta \tag{5-5}$$

其中，$\beta(\theta)$ 表示体积散射函数，它与传输介质，也就是水介质的固有物理性质有关。它定义了在 θ 方向上，单位立体角内散射辐射的强度与入射在散射体积上辐射强度之比。

直接部分、前向散射和后向散射这三部分光线共同构成了一幅真实的水下图像。其中，真实场景中的物体反射出的光线，其能量经过水介质的吸收之后到达成像平面的部分被称为直接部分。前向散射部分也是来源于真实场景中物体反射的光线，不同的是它是该光线经过水中物质的散射后到达成像平面的部分。后向散射部分不同于前两部分，这部分能量的主要来源是环境光线，并且也经过了水介质的衰减。水下图像可以用以下公式表示：

$$E_{\mathrm{T}}(x,y) = E_{\mathrm{D}}(x,y) + E_{\mathrm{F}}(x,y) + E_{\mathrm{B}}(x,y) \tag{5-6}$$

其中，$E_{\mathrm{T}}(x,y)$ 表示到达成像平面上某点 (x,y) 的光线的总能量；$E_{\mathrm{D}}(x,y)$、$E_{\mathrm{F}}(x,y)$、$E_{\mathrm{B}}(x,y)$ 分别表示直接部分、前向散射和后向散射部分的分能量。从水下光学成像模型可知，直接部分与前向散射部分的能量来源于物体的反射光线，即使分别经过水介质的吸收和散射作用，这两部分光线中仍然含有大量的场景信息，也是水下图像的重要组成部分，所以将这两部分合并可以称为水下图像的信息部分，即

$$E_{\mathrm{I}}(x,y)=E_{\mathrm{D}} + E_{\mathrm{F}}=J(x,y)t(x,y) \tag{5-7}$$

由 $t(x,y)$ 的定义可知，光线的衰减程度与景深为指数级关系。也就是说，该部分中反映真实场景的信息会随着景深的增加而迅速减少。此时，如何对 $t(x,y)$ 进行有效而精确的估计成为水下图像恢复的一个重点和难点问题。

与信息部分不同的是，后向散射部分的能量来源于经过水下颗粒物散射后的环境光线，这部分光线中不含有真实场景中的景物信息，因此是造成水下图像质量退化的一个重要原因。假设有从某个方向 $r(\theta,\varphi)$，强度为 B 的光线到达成像平面，后向散射部分可以表达为

$$E_{\mathrm{B}}(r) = \int_0^{d(x,y)} \beta(\theta)B(r)\mathrm{e}^{-cl}[1 - fl]^2\,\mathrm{d}l \tag{5-8}$$

其中，f 表示相机的焦距；l 表示水中某点到成像平面的距离。可以看出后向散射光强度也与物体到成像系统的距离相关。对某一特定方向散射光的表达式进行积分，就可以得到经过水介质衰减作用后环境散射光的总能量：

$$E_{\mathrm{B}}(x, y) = \int_r E_{\mathrm{B}}(r)\mathrm{d}(r) = A(1 - \mathrm{e}^{-cd(x,y)}) \tag{5-9}$$

其中，A 表示图像场景中的背景光。在一幅图像中，A 通常为常量，仅与入射光的波长相关。

由上述公式可知，完整的水下光学成像模型可以表示为

$$E_{\mathrm{T}}(x, y) = J(x, y)t(x, y) + A[1 - t(x, y)] \tag{5-10}$$

若要从观测数据 $E_{\mathrm{T}}(x, y)$ 恢复清晰图像 $J(x, y)$，需要从观测数据中估算出背景光照强度 A 和透射图 $t(x, y)$。水下的环境背景光线一般来自从水体表面透射下来的自然光线、人工补充光源的光辐射以及水下存在的生物发出的光线等。在这里我们所关注的自然光线是指光线波长范围在 380～780nm 内的可见光线，也就是人眼视觉所能接收到的电磁辐射。

在前人对水下光线传播研究工作的基础上，本书从光线在水下传播时所表现出的物理机制出发，建立了一种新的低分辨率图像退化模型。这一退化模型的建立，为图像序列的超分辨率重构算法在水下图像处理领域的应用提供了原理框架。

现有的超分辨率重构算法在水下图像上应用时所遇到的其中一项严峻挑战就是对水下图像退化模型的准确建立。但是现有的图像退化模型却无法完全和准确地反映水下图像质量下降的全过程。首先，由于光线在水下传播时，到达成像平面的光线除了经介质衰减的直接部分外，还被水分子和悬浮物散射的背景光线和偏离原本路径的物体反射光线存在，而低分辨率图像退化模型中的加性噪声被假设为零均值高斯噪声，在重构过程中被直接忽略。其次，对于模糊矩阵，现有的低分辨率图像退化模型仅考虑了光学成像系统的镜头和传感器等元件对射入成像平面的光线产生的影响，从而被简化为高斯模糊，没有考虑到光线在水中传播时所经历的吸收和散射过程。水下的散射光会对水下图像的质量产生非常大的负面影响，如图像的对比度下降和细节特征的损失。随着景物与成像设备之间距离的增大，散射光还会使得画面的质量进一步降低。在不对散射光进行估计时，无法仅依靠后期的图像增强技术来提高水下图像的质量。因此如果简单地将现有超分辨率重构算法用于降质严重的水下图像重构，即使获得了较高的分辨率，图像的其他指标也不会得到相应的提升。为了方便表述，本书建立了一种水下低分辨率图像退化模型，可以表示物体反射的光源光线经过水下传播，到硬件成像，最后输出观测数据的全过程。水下低分辨率图像成像过程如图 5-2 所示。

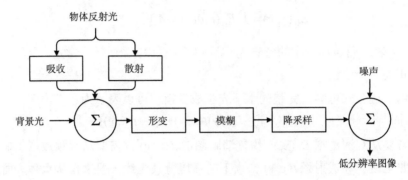

图 5-2　水下低分辨率图像成像过程

在进入成像平面之前，物体反射光，即清晰的高分辨率图像就已经经历了水介质对光线的吸收和散射过程。图 5-2 所示的水下低分辨率图像退化模型用数学公式可表示为

$$\underline{Y}_k = D_k C_k F_k (E_{\mathrm{I}} + E_{\mathrm{B}}) + \underline{E}_k \tag{5-11}$$

根据水下光学成像模型，水下物体反射的光线经过衰减后与散射光一起进入成像系统。其中，物体反射的光线虽然经过水介质的吸收和散射，但是仍然包含我们想要的信息。展开式(5-11)可得

$$\underline{Y}_k = D_k C_k F_k E_{\mathrm{I}} + D_k C_k F_k E_{\mathrm{B}} + \underline{E}_k \tag{5-12}$$

从上述公式中可以看出，本书提出的水下低分辨率图像序列退化模型可以分为三个部分：第一是成像系统对信息部分进行图像退化，第二是成像系统对散射光部分进行图像退化，第三部分是成像设备自身的噪声。这三个部分中，只有第一个部分含有物体反射光，也就是所求的清晰图像，其余两个部分都不含有场景本身信息。将 E_{I} 和 E_{B} 代入公式(5-12)可得

$$\underline{Y}_k = D_k C_k F_k JT + D_k C_k F_k A(1-T) + \underline{E}_k \tag{5-13}$$

其中，T 表示成像系统成像区域内的水体透射图。从上述公式中可以发现成像系统不仅对经过水介质吸收的物体反射光进行了低分辨率图像退化成像，也对成像范围内的散射光进行了同样的成像过程。图像的各个组成部分及其所经历的退化降质过程如图 5-3 所示。

相对于水下散射光对图像质量的影响，高斯噪声模型 $\underline{E}_k$ 对图像降质作用几乎可以忽略不计。这里，不妨把式(5-13)中的后两部分合并称为低分辨率图像退化模型中的加性噪声部分。因此进一步简化式(5-13)可得

$$\underline{Y}_k = D_k C_k F_k JT + A(1-t_k) \tag{5-14}$$

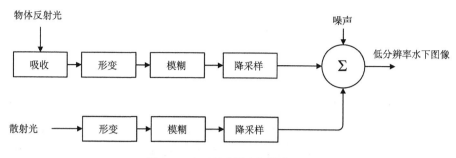

图 5-3　水下低分辨率图像构成

其中，t_k 表示第 k 次成像时，低分辨率退化模型对成像范围内水体透射图 T 进行退化所产生的低分辨率透射图。

式 (5-14) 表示的即本书建立的水下低分辨率图像退化模型。该退化模型通过将成像前的水下光学成像模型与成像系统内的低分辨率图像退化模型结合，更加详细而准确地描述了成像系统在水下进行光学成像过程中的各个方面。该模型使用水下光学成像模型中的散射光部分替代了传统低分辨率图像退化模型中的高斯噪声，同时在高分辨率图像退化过程中加入了透射图矩阵，体现了清晰高分辨率图像在到达成像平面之前就经历了光线吸收过程，成像过程如图 5-4 所示。

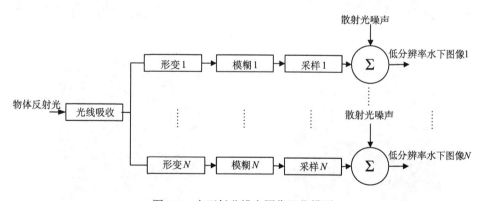

图 5-4　水下低分辨率图像退化模型

该模型将水下图像退化过程分为两个部分：第一部分为成像系统对已经经过水介质吸收而造成衰减的物体反射光进行低分辨率退化成像，第二部分是成像系统将到达成像平面的水下散射光也作为图像的一部分进行成像，最后将两部分叠加，表示水下低分辨率图像序列不仅经过成像系统各个部分的退化，还经过水介质作用于光线的吸收和散射作用对图像造成的降质。

5.2.3　水下光学成像的低分辨率图像退化模型分析

自然光照条件下的水下低分辨率图像序列成像过程的计算机仿真方法分为六步：①生成水下背景光；②生成物体反射光透射图；③计算水介质对光线进行吸收作用后到达成像设备的剩余部分物体反射光；④计算散射光；⑤将到达成像设备的物体反射光和散射光分别进行低分辨率退化成像；⑥将经过成像系统退化的散射光和物体反射光剩余部分叠加，得到最终成像结果。假设该仿真实验场景下成像系统的镜头到景物之间的距离从上到下呈线性变化。下面进行自然光照下水下低分辨率图像序列成像的计算机仿真。

清晰图像及到达成像系统的各个光线组成部分的仿真结果如图 5-5 所示。

(a) 物体反射光(清晰图像)　　　　(b) 背景光　　　　(c) 透射图

(d) 被水吸收后的物体反射光　　　　(e) 散射光

图 5-5　清晰图像及到达成像系统的光线组成部分

图 5-5 中，图 (a) 表示的物体反射光经过透射图 (c) 吸收后得到图 (d)，也就是到达成像系统镜头的信息部分，而图 (b) 背景光和图 (c) 透射图根据式 (5-9) 得到散射光，如图 (e) 所示。景物的信息部分和散射光部分进入成像系统后进行低分辨率

退化成像的仿真结果如图 5-6 所示。

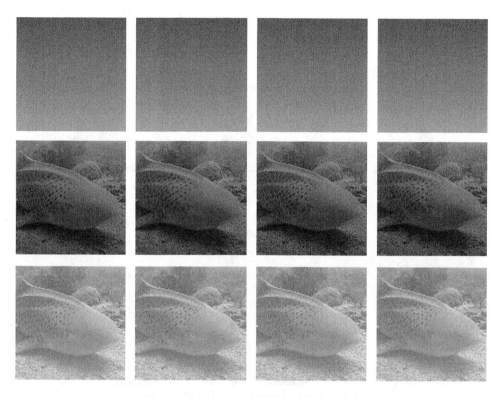

图 5-6　水下低分辨率图像序列计算机仿真

图 5-6 从上到下三行分别为经过成像系统退化的散射光序列、到达成像系统镜头的物体反射光经过成像系统退化后的图像序列以及最终的水下低分辨率图像序列。从图 5-6 可以看出，低分辨率图像整体呈现出偏蓝色调。这是因为水介质对蓝色波段的光线的吸收系数较小，使得更多该波长范围内的光线进入了成像系统镜头。最终成像结果有雾化效果，对比度与清晰度降低，与水下真实成像相符（注：由于单色印刷，图像色彩信息呈现可能受到影响）。

下面通过比较清晰的低分辨率图像、本书模型仿真所得水下低分辨率图像和真实拍摄的水下低分辨率图像的直方图，以验证本书提出的模型的准确性。实验及结果如图 5-7 所示。

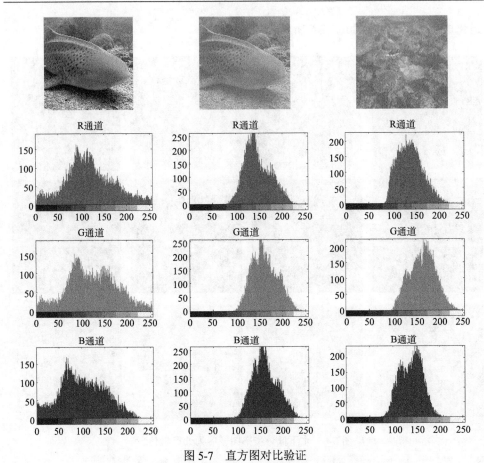

图 5-7 直方图对比验证

横坐标为该通道像素亮度，纵坐标为该亮度像素数量

由图 5-7 可知，原图像各个通道的动态范围较大，从低亮度到高亮度基本都有像素分布，而真实水下图像的直方图各通道动态范围较小，像素分布集中在中高亮度区域。通过对比仿真图像和原图像各个通道的像素分布状况差别，可以发现经过本书模型退化的仿真图像真实体现了水下光学成像的效果。

5.3 基于改进水下低分辨率图像退化模型的图像增强算法

要想对水下图像进行卓有成效的处理，首先需要研究光线在水介质中传播时表现出的基本物理属性。光线在水介质中传播时区别于在空气中的物理属性会导致水下图像在质量上出现与在大气中采集的图像有所不同的退化。光线在水介质中传播时，其能量会呈现出指数形式衰减，因此水下图像相较一般的大气图像的基本特点和区别在于对比度的降低和细节的模糊。光线能量的衰减是由水介质对光线的吸收和散射作用共同引起的。散射分为前向散射和后向散射。光线的前向散射到达成像平面后，会导致所得图像的特征模糊，而后向散射到达成像平面后会使得所得图像对比度下降，产生一种水下图像特有的模糊现象，掩盖了图像中原有的真实场景。此外，不仅仅是水分子本身可以对在水下传播光线产生吸收和散射效应，水介质中的其他一些成分，诸如溶解在水体中的有机物分子或者可见而微小的悬浮颗粒，也会对在水中传播的光线产生类似的散射效应。总之，水下光学图像可能会受到下列一个或多个问题所影响而导致的图像降质：可见范围有限、对比度低、图像模糊、噪声干扰等。因此，现有的图像超分辨率重构技术要在水下图像上应用并取得良好的效果，首先要有针对性地解决以上这些水下图像所特有的问题。

　　本章针对水下图像的超分辨率重构算法最终要实现两个目的：一是克服水介质引起的图像质量退化，二是提高水下图像的分辨率。

　　根据 5.2 节所建立的水下低分辨率图像退化模型，本书提出的超分辨率重构算法实际就是这个模型的逆过程，重点在于找到合适的方法估算出各个关键参数，也就是透射图和散射光部分。目前，针对彩色图像进行的超分辨率重构算法基本都是先分别对 R、G、B 三个通道进行重构，再将所得结果合成为一幅彩色图像。为降低运算成本，本书将去除散射光后的图像序列转为灰度图进行超分辨率重构，得到一张高分辨率的灰度图像，以提高算法运算效率。本章提出的算法流程如图 5-8 所示。

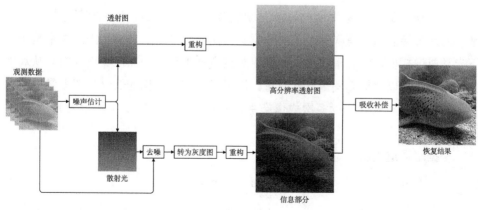

图 5-8　本章算法流程

5.3.1　水下低分辨率图像退化模型关键参数估计

根据 5.2.2 节有关后向散射的先验知识，利用传统的图像处理技术就可以对图像内存在的散射光干扰进行估计。与大气成像过程中因为薄雾的存在而产生的模糊图像特征类似，水下图像也存在着动态范围缩小、像素值之间的亮度差异缩小、目标细节特征模糊不清等特征。加上众多大气图像增强技术使用的成像模型与水下光学成像模型类似，因此可以借鉴雾图的处理方法提高水下图像的质量。这些算法以大气散射的物理模型为研究基础，把图像质量增强转化为场景内噪声估计的问题，然后结合常用的图像处理技术突出图像中重要细节特征。由于水下光学成像过程中，水介质和各种溶质、颗粒物对光线的散射和吸收效应给图像造成的非线性干扰，给成像系统获取高质量的水下图像造成了很大的困难。因此，对水下图像进行对比度和清晰度的增强已经成为当前图像处理领域的一个热点问题。常见的水下图像增强方法有：直方图均衡化、同态增晰等。而水下成像中的光线散射模型参数尚未可知，且不同的水体参数差异巨大，参数获取非常困难。因此可以充分利用图像中的先验知识，结合基于大气成像模型的图像增强算法，对水下图像中的散射和吸收效应进行估计，从而提高超分辨率重构结果的图像质量。本书从暗通道方法入手，首先对观测数据中的加性噪声进行估计，然后结合基于模型的重构算法实现水下图像的超分辨率重构，最后根据图像光线衰减情况对重构结果进行衰减补偿。

1. 背景光估计

由于现有的超分辨率重构算法对观测数据中存在的噪声并没有进行相应处理，而是直接利用含有噪声的观测数据进行图像超分辨率重构，因此本章基于水下光学成像模型，结合暗通道先验估算观测数据中存在的加性噪声并将其从观测数据中去除，以此提高图像重构质量。用于超分辨率重构的低分辨率图像序列由成像设备对同一场景进行多次成像产生，本章选取参考图像，表示为 $Y_f(x,y)$，进行噪声估计。

根据暗通道先验理论得到

$$Y_{f_{\text{dark}}}(x,y) = \min_{(x',y')\in\Omega(x,y)}\left[\min_c Y_{f_c}(x',y')\right] \tag{5-15}$$

其中，$Y_{f_{\text{dark}}}(x,y)$ 表示图像 $Y_f(x,y)$ 的暗原色；Y_{f_c} 表示图像 $Y_{f_c}(x,y)$ 的三个通道之一；$c\in\{R,G,B\}$，表示图像的 R、G、B 三个通道；$\Omega(x,y)$ 表示以点 (x,y) 为中

心的一个区域。根据公式计算得到暗通道 $Y_{f_{\text{dark}}}(x,y)$，然后将暗通道按亮度由高到低排列，选取亮度最高的 0.1%像素为光照强度 A。

　　这种计算环境背景光 A 的方法是建立在图片中背景光均匀变化的基础之上的。但是事实上，如果图片中存在面积较大的阴影，该部分的背景光发生了突变，亮度明显降低。这时采用上述这种方法对背景光进行估计的结果会使得阴影区域和正常光照区域的分界线模糊不清，也就是弱化了边缘的锐度，对图像质量影响较大。另外，该方法中的 $\Omega(x,y)$，也就是图像分块的大小也不能随图像本身大小的变化而进行相应的调整。图像块的大小对透射图以及背景光的估计起着重要的作用。相对于图像本身，每一个图像块的尺寸过大时，虽然估计出的 $t(x,y)$ 在边缘区域较为平滑，但对全图的景深变化不能进行很好的反映。相反，如果图像块尺寸相对于图像尺寸过小，虽然能够很好地反映图像中景深的变化，但是 $t(x,y)$ 在边缘区域会出现一定的锯齿现象，使得透射图不够平滑，局部区域暗原色估计错误的概率也会增加，从而影响背景光的估计，除此以外还增加了算法的运行时间成本。为排除图像块尺寸给背景光估计带来的影响，本章引入 Retinex 理论[3]对背景光进行优化估计，理论模型为

$$F(x,y) = R(x,y) \times I(x,y) \tag{5-16}$$

其中，$I(x,y)$ 表示环境的入射光，代表背景光的照射分量，这一部分对应于水下低分辨率图像中的低频分量；$R(x,y)$ 表示景物表面的光线反射性质，这部分占据着水下低分辨率图像的高频分量。所以可以对水下图像直接进行低通滤波处理，根据图像频率的高低来估算出环境光的照射分量，将所得的照射分量按像素值从大到小进行排列，取亮度在前 0.1%像素点的亮度均值，作为水下背景光 A 的值，从而实现在去掉因为光照不均匀而产生的光斑或者暗影的同时，能够较好地保持水下图像原貌。

2. 透射图与散射光计算

　　He 等[4]在测试了大量无雾图像之后发现，无雾图像中的暗原色的亮度很低，几乎接近于 0，即

$$\min_{(x',y')\in\Omega(x,y)}\left[\min_c Y_{f_c}(x',y')\right] = 0 \tag{5-17}$$

又因为光照强度 A 总是大于 0 的，由此可以推导出

$$\min_{(x',y')\in\Omega(x,y)}\left[\min_c \frac{Y_{f_c}(x',y')}{A}\right] = 0 \tag{5-18}$$

将式(5-18)代入 5.2 节中介绍的水下光学成像模型即可得

$$t(x,y) = 1 - \min_{(x',y') \in \Omega(x,y)} \left[\min_c \frac{Y_{f_c}(x',y')}{A} \right] \tag{5-19}$$

通过式(5-19)即可得到对参考图像中透射率的估计值。与 He 等使用的软抠图(soft matting)方法对 $t(x,y)$ 进行优化的方式有所不同，本章采用双边滤波方法[5]对透射图进行进一步的优化，旨在保持图像中景深突变处图像边缘的平滑性的同时，也能缩短算法的执行时间。该算法首先利用上述暗通道先验理论来计算观测数据的暗图像 $Y_{f_D}(x,y)$，再利用双边滤波的方法计算暗图像的局部均值和局部标准差，最后用两者作差，即得到观测数据的散射光 $Y'_{f_m}(x,y)$。因为 $Y'_{f_m}(x,y)$ 是 $Y_{f_D}(x,y)$ 的局部均值和局部标准差作差的结果，所以 $0 < Y'_{f_m}(x,y) < Y_{f_D}(x,y)$。此时，观测图像中的散射光为

$$Y_{f_m}(x,y) = \max\left\{ \min\left[Y'_{f_m}(x,y), Y_{f_D}(x,y) \right], 0 \right\} \tag{5-20}$$

根据计算得出的光照强度 A 和散射光 $Y_{f_m}(x,y)$，可以算得优化后的透射图为

$$t(x,y) = 1 - \frac{Y_{f_m}(x,y)}{A} \tag{5-21}$$

观测数据中的参考图像，根据本节介绍的散射光和透射图计算结果如图 5-9 所示。

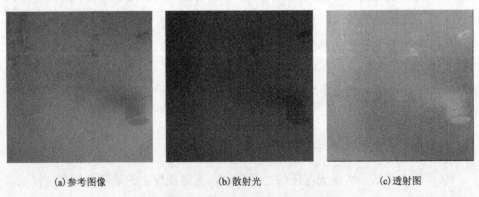

(a)参考图像　　　　　　(b)散射光　　　　　　(c)透射图

图 5-9　散射光和透视图的估计

图 5-9(b)所得的散射光，即为噪声估计的结果(注：由于单色印刷，图像色彩信息呈现可能受到影响)。由于成像设备对同一场景进行多次成像后的图像序列中的每一幅图像均与参考图像有相同的光照强度，而向参考图像对齐后的低分辨率图像序列在点 (x,y) 处有相同的景深，根据散射光定义式可知，对齐后的低分

辨率图像序列也有相同的透射图。基于此，在同一场景下无须对每一幅低分辨率图像都进行噪声估计，只需对参考图像执行该算法，即可得到该场景的散射光。

5.3.2 基于水下低分辨率图像退化模型的超分辨率重构

本书提出的基于水下光学成像模型的超分辨率重构流程如图 5-10 所示。

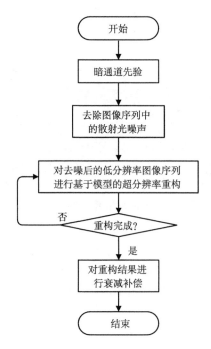

图 5-10 基于水下光学成像模型的超分辨率重构流程

如图 5-10 所示，首先在观测数据中选择参考图像，通过暗通道先验和双边滤波优化，进行噪声和透射图估算；然后去除散射光干扰，生成不含加性噪声的低分辨率灰度图像序列；再对该低分辨率图像序列执行基于模型的超分辨率重构算法，得到高分辨率的衰减图像；最后，将对高分辨率衰减图像用透射图进行光线吸收补偿，得到最终的重构结果。

根据水下光学成像模型，图像的直接部分定义为物体反射光源光线而产生的辐射光经水吸收衰减后到达成像设备的剩余部分，所以重构后的高分辨率图像 X 为

$$X = T(x, y)J(x, y) \tag{5-22}$$

其中，$T(x, y)$ 表示高分辨图像的透射图。要得到物体辐射光，即清晰高分辨率图像 $J(x, y)$，需要用 $T(x, y)$ 对 X 中的每一个像素进行衰减补偿，即

$$J(x,y) = \frac{X}{T(x,y)} \tag{5-23}$$

为获得高分辨率图像的透视图并且提高算法执行效率，本书将 $t(x,y)$ 用最近邻法进行超分辨率重构后得到 $T(x,y)$，并基于式(5-23)对高分辨率图像 X 进行衰减补偿。

衰减补偿前、后的高分辨率图像、透视图 $T(x,y)$ 如图 5-11 所示。

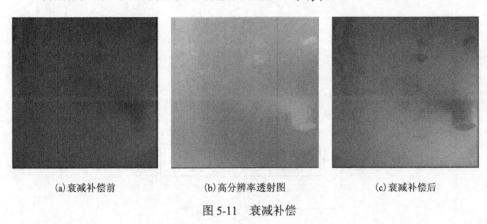

(a)衰减补偿前   (b)高分辨率透射图   (c)衰减补偿后

图 5-11　衰减补偿

由于散射光的加入，水下灰度图像往往偏亮，所以对去除散射光干扰后的观测数据进行重构所得的高分辨率图像的整体亮度较原始观测数据低，这一点在图 5-11(a)中得到了直观的反映。可以看出经衰减补偿后，高分辨率图像亮度明显提高，并显示了更多的细节信息，如图 5-11(c)左侧所示，水下墙面表面条状污垢较图 5-11(a)中相同区域内更加清晰(注：由于单色印刷，图像色彩信息呈现可能受到影响)。

5.4　实验结果与对比分析

本节通过实验展示散射光和光线衰减对超分辨率图像重构结果的影响，并验证本书提出的水下低分辨率图像退化模型的有效性。在本章中涉及的观测数据均为自然光下的 4 张 128 像素×128 像素水下 RGB 图像，通过本书所述重构算法恢复所得的图像是分辨率为 512 像素×512 像素的灰度图像。

同时，为更好地判断本章提出算法所得的高分辨率图像质量，本章采用标准差和信息熵作为图像质量的评价指标，用于比较各算法重构图像的质量。

图像的标准差反映了图像中每个像素的灰度值相对于整张图像的灰度均值

的偏离程度，标准差越大，表明图像中像素的灰度值越分散，图像也就越清晰。标准差计算方法如下：

$$S_{\mathrm{TD}} = \sqrt{\frac{1}{ab}\sum_{x=0}^{a-1}\sum_{y=0}^{b-1}\left[X(x,y)-\mu\right]^2} \qquad (5\text{-}24)$$

其中，$\mu = \dfrac{1}{ab}\sum_{x=0}^{a-1}\sum_{y=0}^{b-1}X(x,y)$，表示整张灰度图的灰度均值；$a$、$b$ 表示图像宽度与高度；$X(x,y)$ 表示图像 X 在点 (x,y) 处的像素值。

图像的信息熵反映了一幅图像所包含信息量的丰富程度，图像的信息熵越大，则表示图像中所包含的信息量越大，图像细节也就越丰富。信息熵计算方法如下：

$$H_I = \sum_{x=0}^{a-1}\sum_{y=0}^{b-1}I(x,y)\ln I(x,y) \qquad (5\text{-}25)$$

其中，$I(x,y)$ 表示图像 X 在点 (x,y) 处的归一化灰度值。

5.4.1　增强效果对比

因为本书使用了暗通道先验对水下低分辨率图像退化模型中水介质吸收矩阵和加性噪声进行估计，并在此基础上进行了图像的超分辨率重构，所以也将进行过暗通道预处理的观测数据进行凸集投影(projection onto convex sets，POCS)重构并与上述结果进行比较，以示差异。实验结果如图 5-12 和图 5-13 所示。

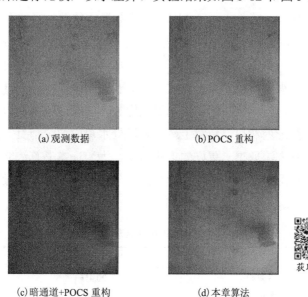

(a) 观测数据　　　　　　　　　(b) POCS 重构

(c) 暗通道+POCS 重构　　　　　　(d) 本章算法

图 5-12　水下墙体观测数据及恢复结果

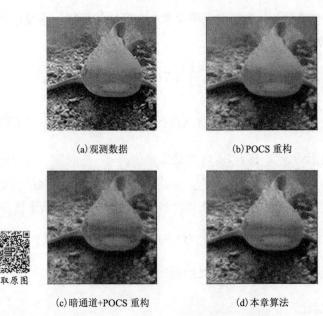

(a) 观测数据　　　　　　　　　(b) POCS 重构

(c) 暗通道+POCS 重构　　　　　(d) 本章算法

图 5-13　水下鱼类观测数据及恢复结果

　　从图 5-12 可以看出，对图像先执行暗通道先验去雾算法，再对图像进行超分辨率重构，所得结果图像整体较暗，丢失大量细节信息，在视觉上排水管道比观测数据更为模糊，左侧条状污垢也随景深增加愈发不可见。传统的重构方法结果虽然亮度上比图 5-12(c) 亮，但是因为观测数据中的散射光的存在，重构结果整体较为模糊，图像对比度低，雾化效果严重。本书算法结果图在视觉上亮度适中，并且左上角条状污垢边缘更加锐利，下方排水管道边缘信息也更为清晰，重构结果获得了较好的视觉效果。从图 5-13 可以看出，相比于图 5-13(b) 和图 5-13(c) 所示的两种算法，本书算法的结果使得图像整体清晰度较高，边缘更为锐利，在细节上鱼头下阴影处石块、鱼背上斑点和远处水草的边缘都更为清晰，表明本书算法较其他两种方法取得了更好的重构结果。为验证本书算法的有效性，通过标准差和信息熵概念对上述三种算法所得的超分辨率重构图像质量进行评价，结果如表 5-1 和表 5-2 所示（精确到 0.0001）。

表 5-1　不同算法效果的客观指标（水下墙面）

方法	标准差	信息熵
POCS 重构	20.4563	6.2957
暗通道+POCS 重构	12.6419	5.6276
本章算法	28.3727	6.7689

表 5-2　不同算法效果的客观指标(水下鱼类)

方法	标准差	信息熵
POCS 重构	43.3672	6.5323
暗通道+POCS 重构	40.5942	6.4868
本章算法	51.9576	7.6193

通过表 5-1、表 5-2 可以发现，在重构图像清晰度方面，本章算法比经典的 POCS 重构算法和先进行暗通道去雾再执行 POCS 算法对图像清晰度都有明显的提高；在图像信息量方面，较前两种方法也有明显提高。然而 POCS 重构算法因为没有对观测数据中存在的噪声进行估计和去除，导致图像标准差和信息熵不如本书算法所得结果高。而先对观测数据进行暗通道去雾，再执行 POCS 重构算法，因为重构结果整体亮度偏暗，导致细节丢失，所以不仅不能提高图像质量，反而会降低图像清晰度和信息量(注：由于单色印刷，图像色彩信息呈现可能受到影响)。

5.4.2　模型适用性验证

在本书 5.2 节建立了区别于传统低分辨率图像退化模型的水下低分辨率图像退化模型并在本章中确定了该模型的关键参数估计方法之后，为验证本书提出的模型对水下图像超分辨率重构的适用性，本节将水下低分辨率图像退化模型应用于三种基于传统模型的超分辨率重构算法：POCS 重构算法、迭代反投影(iterative back-projection，IBP)重构算法和正则化重构算法，以验证本书算法对水下图像质量的提升效果。原始观测数据及实验结果如图 5-14～图 5-16 所示。

低分辨率水下彩色图像序列

POCS 重构　　　　　　　　　IBP 重构　　　　　　　　　正则化重构

基于本章模型的 POCS 重构　　　　基于本章模型的 IBP 重构　　　　基于本章模型的正则化重构

图 5-14　水下生物图像观测数据及重构结果

低分辨率水下彩色图像序列

POCS 重构　　　　　　　　IBP 重构　　　　　　　　正则化重构

基于本章模型的 POCS 重构　　　　基于本章模型的 IBP 重构　　　　基于本章模型的正则化重构

图 5-15　潜水员图像观测数据及重构结果

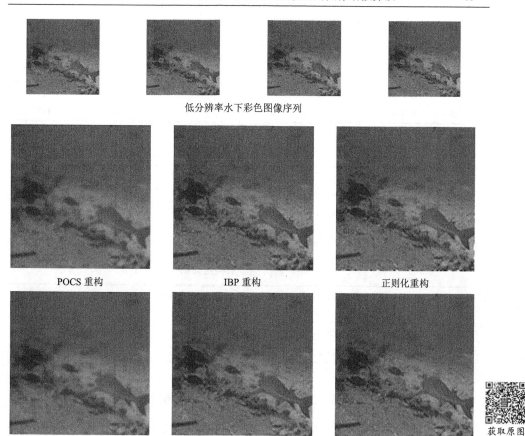

低分辨率水下彩色图像序列

POCS 重构　　　　　　　　　IBP 重构　　　　　　　　　正则化重构

基于本章模型的 POCS 重构　　　基于本章模型的 IBP 重构　　　基于本章模型的正则化重构

获取原图

图 5-16　鱼群图像观测数据及重构结果

　　通过观察实验结果，可以发现对于基于传统模型的超分辨率重构算法中，IBP
重构算法能使重构图像视觉效果更为锐利，边缘信息更为清晰。正则化方法重构
的图像与 IBP 相似，相较于 POCS 超分辨率重构算法，结果在视觉感受上细节更
为清晰。POCS 重构算法所得的图像边缘更为平滑，但整体视觉感受较为模糊。
在将本书提出的水下低分辨率图像退化模型应用到上述算法时，保留了算法原本
的特性。图 5-14 中景物景深变化不大，本书算法有效地去除了水介质给图像造成
的雾化效果，提升了图像的清晰度。图 5-15 观测数据中各个物体之间存在着景深
的突变，本书算法对图中远处的气泡、近处的水下生物以及处于中间的潜水员部
分的边缘和细节信息都有明显提升。图 5-16 的观测数据由于色彩偏移较为严重，
在视觉上本章算法作用有限。下面结合客观指标验证本书算法对水下低分辨率图
像质量的提升作用。三组实验的客观指标分别如表 5-3～表 5-5 所示。

表 5-3　水下生物图像重构结果指标

指标	POCS 重构	基于本章模型的 POCS 重构	IBP 重构	基于本章模型的 IBP 重构	正则化重构	基于本章模型的正则化重构
标准差	26.2807	39.0823	25.6619	41.9311	25.8144	42.1047
信息熵	6.6904	7.2601	6.7042	7.3446	6.7127	7.3577

表 5-4　潜水员图像重构结果指标

指标	POCS 重构	基于本章模型的 POCS 重构	IBP 重构	基于本章模型的 IBP 重构	正则化重构	基于本章模型的正则化重构
标准差	48.6921	54.7350	52.6527	58.6356	52.2639	58.5349
信息熵	7.5455	7.6279	7.6534	7.7091	7.6521	7.7060

表 5-5　鱼群图像重构结果指标

指标	POCS 重构	基于本章模型的 POCS 重构	IBP 重构	基于本章型的 IBP 重构	正则化重构	基于本章模型的正则化重构
标准差	22.7418	23.2831	24.0575	25.2665	24.2848	25.5428
信息熵	6.3902	6.4097	6.4490	6.4822	6.4513	6.4917

从客观数据来看，相较于三种经典的基于传统图像退化模型的超分辨率重构算法，建立在本书提出的水下低分辨率图像退化模型及其关键参数的估计方法上的图像超分辨率重构算法，在提升图像分辨率的基础上，也能对水介质对图像造成的降质作用进行有针对性的处理，有效提高重构图像的质量，对超分辨率重构算法在水下环境的应用起到了关键作用。对于色彩偏移并不严重的水下图像，本章提出的水下图像超分辨率重构算法能够较好地提升图像的清晰度和信息量。但如果观测数据本身色彩偏移较为严重，本章算法对重构结果的图像质量提升能力有限。这也是本章算法日后需要继续改进的地方(注：由于单色印刷，图像色彩信息呈现可能受到影响)。

5.5　本　章　小　结

本章提出的基于水下低分辨率图像退化模型的图像超分辨率重构方法，首先使用暗通道先验和双边滤波优化估算水下低分辨率图像退化模型中关键参数，即观测数据中的散射光和场景透射图，并将散射光作为加性噪声成分，在图像序列重构之前去除，以克服水介质对光线的散射作用所造成的光学图像降质；然后使用光线透射图对由去噪后的观测数据进行重构所得的高分辨率衰减图像采用光线吸收补偿,以克服水介质对光线的吸收作用对重构图像亮度和细节清晰度的影响。相比较基于传统图像退化模型的超分辨率重构方法,本章算法的结果不仅在视觉效果上有所提升,也有效提高了重构图像的清晰度和信息量,获得了较高质量的重构结果。仿真实验首先通过比较原始观测数据和经暗通道去雾处理之后数据之间的重构结果,以及用客观指标分析证明本章算法对重构图像质量的提升作用;其次验证了本书提出的水下低分辨率图像退化模型的适用性。但对于光照严重不足、色彩偏离严重的水下图像,本章算法对重构结果提高比较有限,这是下一步工作的重点。

参 考 文 献

[1] Farsiu S, Robinson M D, Elad M, et al. Fast and robust multiframe super resolution[J]. IEEE Transactions on Image Processing, 2004, 13(10): 1327-1344.

[2] Gordon H R. Dependence of the diffuse reflectance of natural waters on the sun angle[J]. Limnology and Oceanography, 1989, 34(8): 1484-1489.

[3] Land E H. The Retinex theory of color vision[J]. Scientific American, 1977, 237(6): 108-128.

[4] He K, Sun J, Tang X. Single image haze removal using dark channel prior[J]. IEEE Transactions on Pattern Analysis and Machine Intelligence, 2010, 33(12): 2341-2353.

[5] 王一帆, 尹传历, 黄义明,等. 基于双边滤波的图像去雾[J]. 中国图象图形学报, 2014, 19(3): 386-392.

第 6 章　基于暗通道的水下图像增强算法

6.1　引　　言

本章在深入研究暗通道去雾算法后，发现其应用于水下图像处理时，由于水下环境不同于大气环境，恢复模型所使用的透射率图的差异导致该方法不能准确地估计水下背景光，也无法正常地恢复景物颜色，因此若直接将该方法应用于水下图像去模糊，会使得到的结果对比度偏低，且细节与颜色产生失真。经过思考和理论实践后，从景深入手，对其进行改进，并对恢复出来的图像进行对比度增强和颜色校正，得到对比度高、细节清晰、颜色分量分布正常的图像。

针对暗通道理论应用于水下图像处理时，不能准确地估计水体透射率图和无法正常地恢复景物颜色的问题，本章提出了基于暗通道的水下图像复原算法，旨在提高水下模糊图像的清晰度、对比度和色彩真实度。首先，基于暗通道先验理论，通过反推二维透射率图估计出图像景深后，引入调整参数计算水下三维透射率图，并根据成像模型进行图像去模糊；其次，通过透射率图描述的局部自适应高频放大系数，在不影响图像近景细节的同时自适应地增加远处景物的对比度；最后，对处理过程中颜色分布的变化进行恢复，得到最终复原图像。仿真实验采用四幅常见的水下模糊图像，对本章算法的图像复原效果进行验证。并对复原后的图像与其他基于暗通道先验结合对比度有限的自适应直方图均衡化(dark channel prior & contrast limited adaptive histogram equalization，DCP & CLAHE)去雾算法和多尺度视网膜增强(multi-scale retinex with colour restoration，MSRCR)算法进行比较，从对比度、信息熵、灰度平均梯度(grayscale mean gradient，GMG)、峰值信噪比、均方误差和色差等方面进行整体定量对比评价。实验结果表明，本章提出的算法可以有效地解决水下图像模糊的问题，提高浑浊水体中采集图像的质量。算法流程如图 6-1 所示。

水体对光线传播过程的作用包括吸收和散射，吸收作用会导致光在传播过程中衰减，其与水体介质的折射率相关；而水体对光的散射作用会使图像模糊、降低图像质量,其主要是由光路中的悬浮颗粒和水分子导致的。根据朗伯-比尔定律，光在介质中传播是呈指数衰减的，在均匀的水体介质中，水体的透射率可表示为

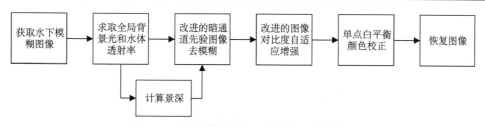

图 6-1　基于暗通道的水下图像增强算法流程

$$t(x) = \mathrm{e}^{-cd(x,y)} \tag{6-1}$$

其中，c 表示衰减系数，它是波长 λ 的函数；$d(x,y)$ 表示目标 (x,y) 与成像设备之间的距离。衰减系数 c 又是由吸收系数 a 和散射系数 b 组成，即

$$c = a + b \tag{6-2}$$

在水下成像时很难获取这些参数，需要通过拟合大量的数据才能获得，通常的方法都是通过水下获取的图像直接估计透射率。

根据文献[1]的描述，水下相机接收到的图像 I 是由环境光被微粒散射后的背景光 B 和信息光 S 组成，其中信息光 S 又是由目标反射光的直接分量 D 与目标反射光的前向散射分量 F 构成，即

$$I = S + B \tag{6-3}$$

$$S = D + F \tag{6-4}$$

其中，直接分量 D 又可表示为

$$D(x,y) = J(x,y)t(x,y) \tag{6-5}$$

其中，$J(x,y)$ 为目标反射光。而前向散射分量 F 与直接分量相似，是其模糊化的结果，可表示为 D 与 $g(x,y)$ 的卷积，即

$$F(x,y) = D(x,y) * g(x,y) \tag{6-6}$$

其中，$g(x,y)$ 表示点扩散函数(point spread function，PSF)，它是距离 $d(x,y)$ 的函数，这是因为目标距离成像点越远，前向散射在图像 I 中造成的模糊区域越大。水下光学成像模型如图 6-2 所示。

背景光来源于周围环境光的散射。大量文献普遍认为背景光可表示为

$$B(x,y) = B_\infty \left[1 - t(x,y)\right] = B_\infty \left[1 - \mathrm{e}^{-cd(x,y)}\right] \tag{6-7}$$

其中，B_∞ 表示全局背景光，是水体固有参数。可以看出背景光与目标的距离有关，目标距离越远，背景光越大。若忽略前向散射的影响，则相机接收到的图像 I 可以写成

$$I(x, y) = J(x, y)t(x, y) + B_\infty \left[1 - t(x, y) \right] \tag{6-8}$$

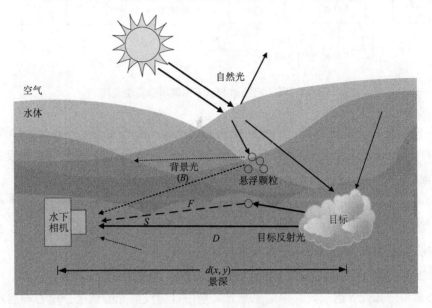

图 6-2　水下光学成像模型

　　水下图像复原的目的就是从获取的水下光照图像 $I(x, y)$ 中得到物体的反射光 $J(x, y)$。

6.2　基于暗通道的水下图像去模糊

6.2.1　参数估计

　　根据暗通道的去雾特性对图像进行去模糊操作，去除景物与相机之间存在的背景光。水下成像模型与大气光照模型具有很大的相似性，同样是通过估计水下透射率 $t(x)$ 和全局背景光 B_∞ 实现图像恢复。根据暗通道理论，图像的暗通道可以定义为

$$I^{\text{dark}}(x) = \min_{\lambda \in \{\text{R,G,B}\}} \left\{ \min_{i \in \Omega(x)} \left[I^\lambda(i) \right] \right\} \tag{6-9}$$

即以像素点 x 为中心，先分别取 R,G,B 三个通道在窗口 Ω 内的最小值，再计算三个通道的最小值，作为该像素点的暗通道值。如图 6-3 所示，图(a)为求取暗通道的示意图，图(b)为第 1 章的水下图像对应的暗通道。

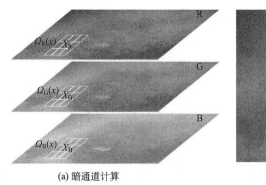

(a) 暗通道计算　　　　　　　　　　　　　　(b) 暗通道

图 6-3　图像暗通道

1. 计算全局背景光 B_∞

通过图像的暗通道 I^{dark} 就可以计算出无穷远处的背景光或者全局背景光 B_∞。基本原理是：通过选择暗通道中最亮的一部分点，计算其平均值，得到全局背景光。通常情况下，暗通道越亮的点，背景光也越大。

本章中，选择暗通道 I^{dark} 内最亮的前 0.1%个(N个)像素点，根据这些点的坐标，分别在原图像 I 的三个通道中找到这些点，定义它们的和分别为 SUM_R, SUM_G, SUM_B。利用这些像素点的均值作为全局背景光，可表示为

$$B_\infty = \left(\frac{\text{SUM}_\text{R}}{N}, \frac{\text{SUM}_\text{G}}{N}, \frac{\text{SUM}_\text{B}}{N} \right) \tag{6-10}$$

2. 计算水体透射率

根据水下光学成像模型，将式(6-8)变为

$$\frac{I^\lambda(x)}{B_\infty^\lambda} = t(x) \frac{J^\lambda(x)}{B_\infty^\lambda} + 1 - t(x) \tag{6-11}$$

其中，$\lambda \in \{\text{R,G,B}\}$ 表示图像的三个颜色通道。对式(6-11)进行局部最小值处理，假设局部同一物体的透射率是相同的，则进行两次最小值滤波后，式(6-11)变为

$$\min_{i \in \Omega(x)} \left[\min_{\lambda \in \{\text{R,G,B}\}} \frac{I^\lambda(i)}{B_\infty^\lambda} \right] = t(x) \min_{i \in \Omega(x)} \left[\min_{\lambda \in \{\text{R,G,B}\}} \frac{J^\lambda(i)}{B_\infty^\lambda} \right] + 1 - t(x) \tag{6-12}$$

根据暗通道理论可知，对于一幅无雾的图像，在绝大多数存在目标的局部区域里，某一些像素点总有至少一个颜色的通道具有很低的亮度值，即该区域像素值的最小值趋近于 0。因为 $J(x)$ 是从有雾图像中复原的无雾图像，所以

$$J^{\text{dark}}(x) = \min_{i \in \Omega(x)} \left[\min_{\lambda \in \{\text{R,G,B}\}} J^{\lambda}(i) \right] \equiv 0 \tag{6-13}$$

从而可以得出

$$\min_{i \in \Omega(x)} \left[\min_{\lambda \in \{\text{R,G,B}\}} \frac{J^{\lambda}(i)}{B_{\infty}^{\lambda}} \right] = 0 \tag{6-14}$$

将式(6-14)代入(6-12)，则二维透射率的预估值 $t(x)$ 可表示为

$$t(x) = 1 - \min_{\lambda \in \{\text{R,G,B}\}} \left\{ \min_{i \in \Omega(x)} \left[\frac{I^{\lambda}(i)}{B_{\infty}^{\lambda}} \right] \right\} \tag{6-15}$$

因为即使在清澈的水体中也存在水分子和一些悬浮颗粒，在远处的场景仍会受雾状模糊的影响，况且这些模糊的存在能让人眼感觉到景深的存在，所以，有必要在复原图像中保留一些模糊，将水下图像的二维透射率表示为

$$\hat{t}(x) = 1 - \omega \min_{\lambda \in \{\text{R,G,B}\}} \left\{ \min_{i \in \Omega(x)} \left[\frac{I^{\lambda}(i)}{B_{\infty}^{\lambda}} \right] \right\} \tag{6-16}$$

其中，$\omega \in (0,1)$ 表示雾的保留系数，通常取 0.95；B_{∞}^{λ} 表示 λ 通道的全局背景光。这里得到的二维透射率 $\hat{t}(x)$ 是粗透射率图，需要经过导向滤波器[2]细化后才能使用。

考虑到水下成像环境比大气中复杂，且暗通道去雾算法所使用的透射率 $t(x)$ 是二维灰度图，无法代替水下成像模型中涉及的三维水质传输参数 $t(x,y)$，故模型之间不匹配。如果暗通道去雾算法直接应用于水下，将二维的透射率图乘以三个系数应用于水下 RGB 图像估计背景光，会使处理后的图像在细节以及色彩方面产生严重失真，恢复效果不理想。然而，大气成像模型与水下成像模型的相似性也为暗通道应用于水下图像恢复提供了解决思路。为此，本书提出选取与大气具有一致性的水下图像景深(水下景物距成像设备的距离)作为媒介，计算水下图像的透射率图。

由于水下图像的透射率是光的波长的函数，在已获得全局背景光 B_{∞} 与二维透射率 $t(x)$ 的条件下，根据式(6-1)，水下图像景深可估计为

$$d(x) = \frac{-\ln t(x)}{c} \tag{6-17}$$

考虑到衰减系数 c 是波长的函数，还与水质有关，且 R，G，B 三种颜色通道的水下衰减系数都不同，难以直接从原图像中获取，故不直接计算 c，转而采用调整参数作为替代，便于后续处理。根据 CIE 1931 RGB 色度系统，将红、绿、蓝光的

波长分别定义为700.0nm、546.1nm和435.8nm,令波长系数 $c_\lambda = (0.7000, 0.5461,$
0.4358)。根据透射率与波长成反比的关系,引入参数 c_λ 与 k 估计水下透射率,
则二维透射率可表示为

$$\hat{t}(x,y) = \mathrm{e}^{-\frac{d(x,y)}{c_\lambda}} = \mathrm{e}^{\frac{k \cdot \ln t(x)}{c_\lambda}} \tag{6-18}$$

其中,$k = c \cdot c_\lambda$ 表示全局调整参数,通过对 k 的遍历来最大限度地拟合 c,每个颜
色通道都分别进行上述处理。通过 $t(x)$ 计算的景深在每个颜色通道一致。相比于
其他估计透射率的方法,该算法更满足光的物理特性,且通过在遍历循环中动态
地寻找最佳的 k 值,可以得到更精确的透射率。不同的图像拥有不同的 k 值,这
与不同水体拥有不同的衰减系数和透射率是相对应的。水下模糊图像及其水体透
射率估计如图 6-4 所示。

(a)水下模糊图像 　　　　　　　　　　　(b)水体透射率

图 6-4　水下模糊图像及其水体透射率估计

6.2.2　图像去模糊

调整参数 k 的取值对不同图像的恢复效果影响很大。本书以图像灰度平均梯
度作为评价标准,提出采用循环遍历的方法,获得最优的 k 参数。灰度平均梯度
(GMG)可敏感地反映图像对微小细节反差的表达能力,可用它来评价图像的模糊
程度,在图像中某一个方向的灰度值变化率越大,则它的梯度也越大[3]。因此,
可用 GMG 衡量图像的清晰度,同时反映图像的微小细节反差与纹理变换特征。
GMG 可表示为

$$\text{GMG}(I) = \frac{\sum_{i=1}^{M-1}\sum_{j=1}^{N-1}\sqrt{\dfrac{[I(i,j)-I(i+1,j)]^2 + [I(i,j)-I(i,j+1)]^2}{2}}}{(M-1)(N-1)} \tag{6-19}$$

其中，I 表示大小为 $M \times N$ 的图像。算法对参数 k 在 $(0.1,1)$ 以步长 0.05 进行遍历，选取 GMG 最佳时的图像作为去模糊结果。最后根据水下光学成像模型及式 (6-19)，得到去模糊后的图像为

$$J(x,y) = \arg\max_{k \in (0.1,1)} \text{GMG}\left[\frac{I(x,y)-B_\infty}{\text{e}^{\frac{k \cdot \ln t(x)}{c_\lambda}}} + B_\infty\right] \tag{6-20}$$

最佳 k 值的选取结果如图 6-5(a) 所示，选择在遍历中具有最大图像 GMG 的 k 值计算透射率，然后，将对应的图像作为去模糊后的图像，结果如图 6-5(b) 所示。可以看出，相比于原图，图像存在的模糊被有效地去除，但对于潜水员身后的景物还需进行对比度和颜色的改善。

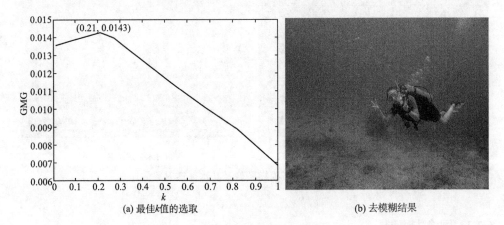

(a) 最佳 k 值的选取　　　　　　　　　　(b) 去模糊结果

图 6-5　图像去模糊

6.2.3　改进 ACE 的自适应对比度增强

对于去模糊后的水下图像，在距离成像点近的区域，景物细节较明显，图像较清晰，不需要太大的改善；而在较远的区域，背景光分量大，图像对比度仍然较低，细节不够明显，需要对高频细节进行较大的增强。为了增强水下去模糊图像中远景部分的对比度，本章使用改进的局部自适应对比度增强(adaptive contrast enhancement，ACE)方法对去模糊后的图像进行处理。ACE 使用了反锐化掩模技

术，首先分离图像的高频、低频信息，并将图像的低频部分作为反锐化掩模；然后计算自适应放大系数，适当地放大高频部分；最后在反锐化掩模中加入处理后的高频信息，从而达到增强图像高频细节、自适应提高对比度的效果。ACE 的核心是计算自适应放大系数。

ACE 的基本思想可表示为

$$I_{\text{ACE}} = I_{\text{low}} + G(x,y)[I(x,y) - I_{\text{low}}(x,y)] \tag{6-21}$$

其中，I_{low} 表示图像的低频成分；$I(x,y) - I_{\text{low}}(x,y)$ 表示图像的高频成分；$G(x,y)$ 表示高频放大系数。对于图像的低频成分 I_{low}，一般可以通过计算以该像素点为中心的局部区域的像素平均值作为图像的反锐化掩模(低频部分)，即

$$I_{\text{low}}(x,y) = \frac{1}{n^2} \sum_{k=x-n}^{x+n} \sum_{l=y-n}^{y+n} I(k,l) \tag{6-22}$$

其中，局部区域窗口大小为 $n \times n$，对每个像素点都进行上述处理后，得到图像的低频成分。对于放大系数的选择，一种常用的方法是令 $G(x,y)$ 为一个常数，这种方法在增强图像细节和边缘部分时，也会增强噪声和一些不希望增强的区域。另一种常用的方案为

$$I_{\text{ACE}} = I_{\text{low}} + \frac{D}{\sigma(x,y)}[I(x,y) - I_{\text{low}}(x,y)] \tag{6-23}$$

其中，D 表示常数；$\sigma(x,y)$ 表示图像的局部标准差，公式为

$$\sigma(x,y) = \sqrt{\frac{1}{n^2} \sum_{k=x-n}^{x+n} \sum_{l=y-n}^{y+n} [I(k,l) - I_{\text{low}}(x,y)]^2} \tag{6-24}$$

该方法中的空间自适应的放大系数 $G(x,y) = \dfrac{D}{\sigma(x,y)}$，其与局部标准差成反比，在图像的目标边缘或其他像素值变化剧烈的区域，局部标准差较大，放大系数较小，抑制了振铃效应的发生。但在平滑的区域，局部标准差过小，放大系数的值太大，导致噪声的放大，所以在使用时，需要限制放大系数的最大值，才能获得更好的增强效果。

由于反锐化掩模是图像的低频成分，于视觉效果而言即为原图的模糊版本，6.2.2 节的主要内容是水下图像去模糊，如果直接使用反锐化掩模加上放大后的高频成分，虽然可以提高图像的对比度，但却使得图像整体变得模糊，这与去雾的目的相悖。因为去模糊后的图像与反锐化掩模具有相同的低频特征，使用 $J(x,y)$ 代替反锐化掩模增强高频信息，减少不必要的模糊。其次，基于透射率与距离之

间存在的负指数关系，利用 6.2.2 节估计得到的三维透射率作为自适应放大系数，对于去模糊后的水下图像进行自适应对比度增强。基于以上分析，对去模糊后的图像进行自适应对比度增强处理，表示为

$$J_{ACE}(x,y) = J(x,y) + D \cdot m_L \cdot \hat{t}^{-1}(x,y)[J(x,y) - J_{low}(x,y)] \tag{6-25}$$

其中，D 表示常数，通常令其等于 2 或 3；m_L 表示图像全局平均值。空间自适应的放大增益 $G(x,y) = D \cdot m_L \cdot \hat{t}^{-1}(x,y)$。自适应对比度增强效果如图 6-6(a) 所示，由于采用透射率计算自适应放大系数，恢复图像中近景与远景的对比度，将获得不同程度的增强效果。

(a) 自适应对比度增强　　　　　　　　　　(b) 颜色校正

图 6-6　ACE 与颜色校正

6.3　单点白平衡的颜色校正

前两步在处理中只考虑到清晰度与对比度的提高，而忽略了操作过程中颜色的变化。图像处理在一定程度上会对本就存在颜色失真的颜色分布产生影响，本章采用单点白平衡(single point white balance)方法对图像进行颜色校正，使其更接近景物原有色彩。

单点白平衡法的基本思想是：选取图像中色彩信息保留较好的像素点作为参考，通过全局像素的归一化计算，实现整个图像的色彩校正。通常情况下，白色目标或者接近白色的颜色失真较小。

本章选取图像中近景区域颜色失真较小的物体作为参考，定义其对应像素的颜色信息分别为 (d_R, d_G, d_B)。利用该像素的颜色信息对其他像素进行颜色校正，即图像中所有像素的三个颜色通道分别除以参考像素的颜色信息，可表示为

$$J_c = \left(\frac{J_{\mathrm{R}}}{d_{\mathrm{R}}}, \frac{J_{\mathrm{G}}}{d_{\mathrm{G}}}, \frac{J_{\mathrm{B}}}{d_{\mathrm{B}}} \right) \tag{6-26}$$

其中，$J_{\mathrm{R}}, J_{\mathrm{G}}, J_{\mathrm{B}}$ 分别为待校正图像 J_{ACE} 的 R,G,B 颜色通道分量。经过颜色校正处理后，每个像素点过大的颜色分量得到抑制，而过小的颜色分量得到加强。J_c 即为算法最终获得的图像。例如，对于图 6-6(a)选取黑色圆圈标注的点作为参考点，对图像进行颜色校正，校正结果如图 6-6(b)所示(注：由于单色印刷，图像色彩信息呈现可能受到影响)。

6.4　实验结果与对比分析

6.4.1　实验结果

为了验证本章算法的有效性，选择四幅水下模糊图像进行实验，如图 6-7~图 6-10 所示。图 6-7(a)是拍摄于近海的一条鱼，图像蓝绿色分量很重并且对比度很低，背景基本难以看清；图 6-8(a)是一位潜水员，同样，图中的人、鱼和海底细节都模糊不清，较难辨识；图 6-9(a)是水下构筑物，也存在对比度低、颜色偏绿、模糊不清的问题；图 6-10(a)是水体中的一个石块，图像细节不明显，水体浑浊不清。经过前面的分析可知，这些图像中像雾一样的模糊，主要由水中微粒对光的散射所形成的背景光产生。

图 6-7~图 6-10 是对四幅模糊图像使用本章算法进行复原，并分别与带色彩恢复的多尺度视网膜增强(MSRCR)算法[4]、DCP&CLAHE 算法[5]进行比较的实验结果。颜色恒常理论认为图像的色彩与物体表面的反射特性相关，而与物体表面受到的光照关系较小；MSRCR 算法在该理论中引入调整因子来减少颜色失真的影响。由于它能平衡图像的动态范围压缩、边缘增强和颜色恒常性三者的关系，以及可以自适应地处理各类图像，MSRCR 算法被广泛用于各种图像的增强。DCP&CLAHE 算法是融合暗通道先验理论与限制对比度自适应直方图均衡化的算法，同时也对增强结果使用白平衡方法进行颜色校正。

各组图像中的图(d)是本章算法的实验结果，直观上可以看出对比度明显比原图提高了很多，远处景物细节明显，图像也比较清晰，颜色得到较好的校正。通过对比可以发现，对于四幅图的处理结果，经过 MSRCR 算法增强处理后的图像远处颜色得以校正，对比度得到了提高，但是噪声也被放大，有些区域偏白，看起来很不自然；而 DCP&CLAHE 算法虽然有效地去掉了原来的模糊，但是却没有正确地恢复图像的色彩信息；本章算法在提高清晰度和对比度的同时进行了

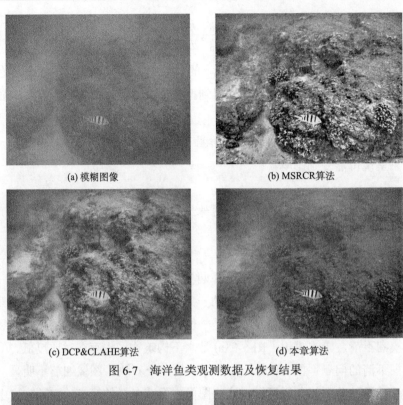

获取原图

(a) 模糊图像　　　　　　　　　　　　　　(b) MSRCR算法

(c) DCP&CLAHE算法　　　　　　　　　　　(d) 本章算法

图 6-7　海洋鱼类观测数据及恢复结果

获取原图

(a) 模糊图像 　　　　　　　　　　　　　　(b) MSRCR算法

(c) DCP&CLAHE算法 　　　　　　　　　　　(d) 本章算法

图 6-8　海底潜水员观测数据及恢复结果

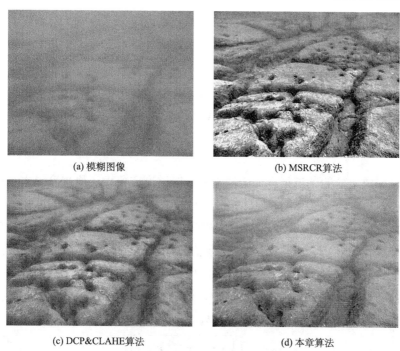

(a) 模糊图像　　　　　　　　　　　　　　　　(b) MSRCR算法

(c) DCP&CLAHE算法　　　　　　　　　　　　(d) 本章算法

获取原图

图 6-9　水下构筑物观测数据及恢复结果

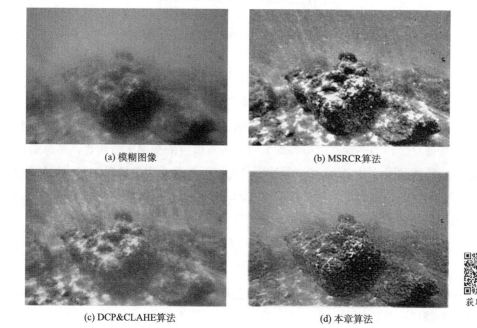

(a) 模糊图像　　　　　　　　　　　　　　　　(b) MSRCR算法

(c) DCP&CLAHE算法　　　　　　　　　　　　(d) 本章算法

获取原图

图 6-10　浑浊水体中的石块观测数据及恢复结果

颜色校正，使得颜色分布在视觉上相对美观。总体来说，MSRCR 算法的增强效果都有些过度突出景物的边缘细节，整体偏白，导致 MSRCR 算法虽然有效地提高了图像的对比度，噪声也被放大，但是颜色没有得到补偿，直观上该算法不适合处理这类水下图像。而本章算法实验结果在颜色、清晰度和对比度上比较符合正常视觉效果(注：由于单色印刷，图像色彩信息呈现可能受到影响)。

6.4.2　算法性能分析

结合图像质量的评价指标，就清晰度、对比度和色调还原程度对本章算法、MSRCR 算法及 DCP&CLAHE 算法进行分析与评价。

(1)对于恢复图像对比度和细节的增强程度的客观评价，使用对比度 C、信息熵 H、灰度平均梯度 GMG、峰值信噪比 PSNR，以及均方误差 MSE 来评判三者的优劣。

对比度是衡量水下图像处理算法增强效果的一个重要标准，对于一个有 N 个像素点的彩色图像 I，对比度 C 可定义为

$$C(I) = \frac{\sqrt{\dfrac{1}{N}\sum_{i=1}^{N}\sum_{c=\mathrm{R,G,B}}(I_c^i - \bar{I}_c)^2}}{\sum_{c=\mathrm{R,G,B}}\bar{I}_c} \tag{6-27}$$

其中

$$\bar{I}_c = \frac{1}{N}\sum_{i=1}^{N}I_c^i \tag{6-28}$$

图像信息熵是图像灰度集合的平均值，也表示为图像区域的随机程度和信源的平均信息量，当图像灰度分布均匀时，各灰度值的概率大致相等，信息熵达到最大。峰值信噪比(PSNR)是一种使用最为广泛的基于误差敏感的客观评价标准，它基于两幅图像对应像素间的误差，是图像质量评价的一种有效手段。对于原图 I 和增强后的图像 K，其峰值信噪比可定义为

$$\mathrm{PSNR} = 10\lg\left[\frac{\max^2(I)}{\mathrm{MSE}}\right] = 20\lg\left[\frac{\max(I)}{\sqrt{\mathrm{MSE}}}\right] \tag{6-29}$$

其中，MSE 表示均方误差，也是评估图像质量的常用指标，它的值越小，则图像质量越好，其计算表达式为

$$\text{MSE} = \frac{1}{M \times N} \sum_{i=1}^{M} \sum_{j=1}^{N} [I(i,j) - K(i,j)]^2 \tag{6-30}$$

其中，$M \times N$ 表示图像 I、K 的尺寸。

　　参数对比结果如表 6-1 所示。从实验结果可以看出，本章算法的各个指标都有较大的提升，其中，对比度、信息熵、峰值信噪比和均方误差的提升尤为明显。对比度高说明了本章算法获得的图像具有明显的细节和清晰的视觉效果，这得益于图像去模糊和距离自适应的对比度增强。而峰值信噪比和均方误差的优势也说明了复原后的图像具有很好的信号聚焦和噪声抑制能力。客观来说，本章算法的复原结果表现出良好的有效性和鲁棒性，整体上优于 MSRCR 算法和 DCP&CLAHE 算法。

　　对于图 6-7 与图 6-9，MSRCR 的对比度略高于本章算法的复原结果。但是过高的对比度和异常的 GMG 导致图像质量虽然得到很大的提高，但却显得驳杂，视觉效果不自然，其异常的 GMG 是由于算法过度增强了场景边缘。本章算法适度地提高对比度，使图像在直观上更加和谐。在算法运行时间上，本章算法和 DCP&CLAHE 算法相对于 MSRCR 算法较长。这主要是由于算法包含了透射率估计和细化环节，另外，参数的遍历也较耗时。

表 6-1　实验数据对比

图像	参数	复原算法		
		MSRCR 算法	DCP&CLAHE 算法	本章算法
图 6-7	C	**0.2570**	0.1936	0.2273
	H	7.7281	7.3624	**7.9246**
	GMG	**0.0782**	0.0349	0.0284
	PSNR/dB	14.5911	13.8706	**15.4936**
	MSE	7.7228	7.8887	**7.5150**
	T/s	**0.6568**	9.1293	7.2909
图 6-8	C	0.2124	0.1924	**0.2378**
	H	7.0498	7.0834	**7.2751**
	GMG	**0.0706**	0.0446	0.0429
	PSNR/dB	11.6143	12.1840	**17.3792**
	MSE	8.4082	8.2771	**7.0808**
	T/s	**0.7367**	9.7061	9.6431

续表

图像	参数	复原算法		
		MSRCR 算法	DCP&CLAHE 算法	本章算法
图 6-9	C	**0.2611**	0.1824	0.2088
	H	7.7012	7.2366	**7.8943**
	GMG	**0.0699**	0.0344	0.0254
	PSNR/dB	12.6525	11.2954	**18.4929**
	MSE	8.1692	8.4817	**6.8244**
	T/s	**0.4972**	7.2828	5.7792
图 6-10	C	0.2562	0.1974	**0.2750**
	H	7.4630	7.1492	**7.5392**
	GMG	**0.0362**	0.0196	0.0307
	PSNR/dB	11.4820	13.0034	**15.6004**
	MSE	8.4387	8.0884	**7.4904**
	T/s	**1.3729**	18.6463	16.1875

(2) 为了客观地评价图像的颜色校正效果，使用色差 (chromatic aberration, CD) 来度量图像的色调还原程度。计算 CD 时需先将原始偏色图像与恢复后的图像转换到 Lab 颜色空间，再计算两幅图的色差。CIEDC2000 色差公式可参阅文献 [6]。色差越小，表示颜色偏差越小，色调还原度越好。

色差比较结果如表 6-2 所示，由表可以看出，在颜色恢复上，本章算法的实验结果相比于其他两种方法直观上更为理想。通过比较 CD 可以看出，本书算法对四幅图像的恢复效果都优于 MSRCR 算法和 DCP&CLAHE 算法。通过以上比较可得，MSRCR 算法和 DCP&CLAHE 算法颜色恢复能力较差，本章算法能稳定较好地保持物体原有的色调，得到的图像颜色分布正常，在提高图像对比度的同时，也修复了颜色的偏移，较符合人眼视觉。

表 6-2　色差 (CD) 比较结果

图像	MSRCR 算法	DCP&CLAHE 算法	本章算法
图 6-7	38.07	35.49	**20.86**
图 6-8	50.84	56.19	**42.86**
图 6-9	51.64	56.79	**30.41**
图 6-10	50.33	62.10	**41.32**

6.5　本 章 小 结

　　本章在深入地研究了暗通道去雾算法后，发现其在水下应用中存在不能准确估计水体透射率的缺陷，在此基础上提出了一种基于暗通道理论的水下图像复原算法，通过估计水体三维透射率图的方式，将暗通道理论运用于水下模糊图像的恢复，提高图像的对比度、清晰度和颜色视觉效果。重点介绍了水下光照成像模型、水下透射率的估计、图像去模糊、自适应对比度增强和颜色校正；并进行了实验验证，给出了与 MSRCR 算法、DCP&CLAHE 算法的对比实验结果和对应的图像评价指标。实验结果表明，本章算法有效地提高了图像的对比度，图像颜色也得到良好的复原，对于水下模糊图像有显著的改善效果。复原得到的图像不仅在对比度和清晰度上有明显的优势，在颜色恢复上也最为突出，使得图像在视觉对比度上满足要求，色彩鲜明。不足之处在于：①由于本章算法基于暗通道理论，因此算法仅适用于暗通道灰度值变化范围和分布范围较大的图像，否则效果欠佳；②算法运行时间较长，实时性有待改进和完善。

参 考 文 献

[1] Schechner Y Y, Karpel N. Recovery of underwater visibility and structure by polarization analysis[J]. IEEE Journal of Oceanic Engineering, 2005, 30(3): 570-587.

[2] He K, Sun J, Tang X. Guided image filtering[J]. IEEE Transactions on Pattern Analysis and Machine Intelligence, 2013, 35(6): 1397-1409.

[3] Li Q, Xu Z, Feng H, et al. Analysis of image restoration and evaluation for diffraction-degraded remote sensing image[C]. Proceedings of SPIE—The International Society for Optical Engineering, 2011.

[4] Jobson D J, Rahman Z U, Woodell G A. A multiscale retinex for bridging the gap between color images and the human observation of scenes[J]. IEEE Transactions on Image Processing, 1997, 6(7): 965-976.

[5] Mallik S, Khan S S, Pati U C. Underwater Image Enhancement Based on Dark Channel Prior and Histogram Equalization[C]. Proceedings of the 2016 International Conference on Innovations in Information Embedded and Communication Systems, 2016.

[6] Gómez-Polo C, Muñoz M P, Lorenzo Luengo M C, et al. A comparison of the CIELab and CIEDE2000 color difference formulas[J]. Journal of Prosthetic Dentistry, 2016, 115(1): 65-70.

第7章　基于改进水下光学成像模型的图像增强算法

7.1　引　　言

传统水下光学成像模型所用的水下场景入射光为全局背景光。但是在实际的水下光学成像过程中，水下场景入射光还包括背景折射光、微粒散射光和场景反射光等[1]，并不是全局常量，所以基于水下光学成像模型的水下图像增强算法在很多实际水环境中无法较好地增强图像。经过理论和实践研究后，对水下光学成像模型进行改进，并在此基础上提出一种新颖的透射率估计方法，最终得到细节清晰及对比度高的水下图像。

水下光学成像模型应用于水下图像增强时，不能准确地估计出水下场景入射光而导致恢复图像存在整体亮度偏暗和对比度低等问题。针对此问题，本章提出一种基于改进水下光学成像模型的水下图像增强算法。首先对水下光学成像模型进行改进，再基于亮通道先验和模糊聚类算法对水下图像进行独立场景分类，并估计出各个场景的入射光照；然后根据水下光学辐照特性估计出场景结构并利用水下场景模糊度估计模型进一步获得透射率的表达式；最后通过改进水下成像模型恢复出清晰的水下图像。仿真实验采用四幅典型的水下模糊图像，对本章算法的图像增强效果进行验证，并将增强后的图像与 DCP&CLAHE 算法[2]和 MSRCR 算法[3]获得的增强图像进行比较，用对比度[4]、信息熵、灰度平均梯度、峰值信噪比[5]等评价指标进行客观定量对比和分析。实验结果表明，本章算法能有效解决水下图像的模糊问题，提高浑浊水环境中采集到的图像质量。

7.2　水下光学成像模型

水下光学成像的过程中，成像设备接收到的光辐射主要源于三个分量：直接衰减分量、前向散射分量和后向散射分量[6]。直接衰减分量是指水下场景的反射光在传播路径中没有被吸收和散射的部分；前向散射分量是指水下目标场景的反射光在传播路径中被小角度吸收的部分；后向散射分量是指全局背景光被水分子和悬浮微粒吸收后传输到达成像设备的部分。水下光学成像模型如图 7-1 所示，

成像设备接收到的光辐射可定义为

$$E_{\mathrm{T}} = E_{\mathrm{d}\lambda} + E_{\mathrm{f}\lambda} + E_{\mathrm{b}\lambda} \tag{7-1}$$

其中，E_{T} 表示成像设备接收到的光辐射；$E_{\mathrm{d}\lambda}$ 表示直接衰减分量；$E_{\mathrm{f}\lambda}$ 表示前向散射分量；$E_{\mathrm{b}\lambda}$ 表示后向散射分量。

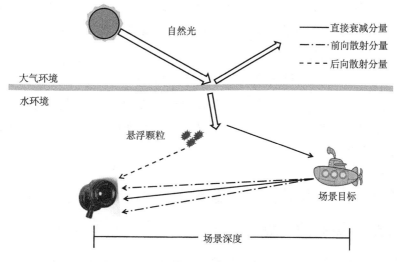

图 7-1　传统的水下光学成像模型

　　为简化成像模型，Jaffe[6]基于水体固有的光学参数与表观光学参数提出了一种水下图像成像模型。该模型包括直接衰减分量、前向散射分量和后向散射分量。目标场景的反射光在传输到成像设备的过程中与水分子和悬浮微粒产生吸收作用和散射作用，导致反射光辐射发生衰减，直接衰减分量 $E_{\mathrm{d}\lambda}$ 可定义为

$$E_{\mathrm{d}\lambda}(x) = B_{\lambda,\infty}\rho_\lambda(x)t_\lambda(x) \tag{7-2}$$

其中，$B_{\lambda,\infty}$ 表示全局背景光；ρ_λ 表示水下场景反照率；t_λ 表示水下场景透射率。

　　前向散射分量 $E_{\mathrm{f}\lambda}$ 可用直接衰减分量与点扩散函数进行卷积操作表示：

$$E_{\mathrm{f}\lambda}(x) = E_{\mathrm{d}\lambda}(x) * g_{0\lambda}(x) \tag{7-3}$$

其中，$g_{0\lambda}(x)$ 表示点扩散函数(PSF)，是关于场景深度 d 的函数，场景深度越大，前向散射在水下图像中造成的模糊区域就越大，具体表达式为

$$g_{0\lambda}(x) = F^{-1}\left(\left\{\exp[-Gd(x)] - \exp[-cd(x)]\right\} \times \exp[-Kfd(x)]\right) \tag{7-4}$$

其中，G 和 K 表示经验常数，f 表示频域，F^{-1} 表示傅里叶逆变换。

　　后向散射分量 $E_{\mathrm{b}\lambda}$(也称背景光)源自水下全局背景光的散射和吸收，大量参

考文献认为后向散射分量可定义为

$$E_{b\lambda}(x) = B_{\lambda,\infty}\left[1 - t_\lambda(x)\right] \tag{7-5}$$

综上，结合式(7-1)可得到水下光学成像模型的展开式：

$$I_\lambda(x) = B_{\lambda,\infty}\rho_\lambda(x)t_\lambda(x) + \left[B_{\lambda,\infty}\rho_\lambda(x)t_\lambda(x)\right] * g_{0\lambda}(x) + B_{\lambda,\infty}\left[1 - t_\lambda(x)\right] \tag{7-6}$$

由于水下目标场景与成像设备之间的场景深度并不大，可完全忽略前向散射带来的干扰，而只考虑成像过程中的直接衰减分量和后向散射分量，水下光学成像模型可以进一步简化为

$$I_\lambda(x) = B_{\lambda,\infty}\rho_\lambda(x)t_\lambda(x) + B_{\lambda,\infty}\left[1 - t_\lambda(x)\right] \tag{7-7}$$

水下图像增强的主要目的就是从获取的水下光照图像 I_λ 中估计出水下场景透射率 t_λ 和全局背景光 $B_{\lambda,\infty}$，通过对水下光学成像模型进行反演，进而得到清晰的水下场景反照率 ρ_λ。

7.3　改进水下光学成像模型和场景入射光的估计

7.3.1　改进水下光学成像模型

实际上，传统的水下光学成像模型在某些水下场景的增强过程中可能产生无效的结果。例如，图 7-2 中的岩石阴影场景并没有直接暴露在全局背景光下，而是被仅有的来自全局背景光的微弱间接辐射光所覆盖，此类辐射光主要由场景反

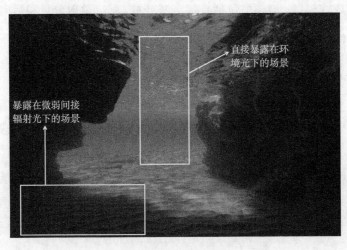

图 7-2　场景入射光不均匀的水下图像

射光组成。因此，水下场景入射光不仅涵盖全局背景光，还包括场景反射光、背景折射光和微粒散射光等[7]，传统的水下光学成像模型将场景入射光定义为全局常量会对类似图 7-2 中的水下场景增强产生无效的结果。

然而，如果仅将式(7-2)中的全局背景光 $B_{\lambda,\infty}$ 修改成场景入射光，也存在问题。图 7-3 显示了全局背景光被设置为 0.1～1.0，并采用暗通道先验(DCP)[8]对水下图像进行增强的结果。如图 7-3 所示，对于较小的全局背景光值，虽然岩石阴影中的局部对比度增强，但是在明亮区域中丢失了大量的边缘信息。而对于较大的全局背景光值，虽然提高了明亮区域中的清晰度，但是在岩石阴影区域的光辐射强度接近于 0。由此可见，无论全局背景光设置为多大，都无法恢复出理想的场景反照率。所以，这种改进本质上可能存在原则上的错误，因为绝大多数传播路径中的悬浮微粒仍暴露在全局背景光下(图 7-1)。根据以上内容分析，本章对传统的水下光学成像模型进行改进，将后向散射分量 $E_{b\lambda}$ 中的场景入射光仍定义为全局背景光，将直接衰减分量 $E_{d\lambda}$ 中原有的全局背景光 $B_{\lambda,\infty}$ 修改为每个独立场景的场景入射光，改进后的水下光学成像模型如图 7-4 所示，其表达式可定义为

$$I_\lambda(x) = S(x)\rho_\lambda(x)t_\lambda(x) + B_{\lambda,\infty}\left[1 - t_\lambda(x)\right], \qquad (x) \in \Lambda(i) \qquad (7\text{-}8)$$

其中，$\Lambda(i)$ 表示第 i 个独立场景的像素索引集；$S(i)$ 表示在第 i 个独立场景中恒定的场景入射光值。本节将在改进水下光学成像模型的基础上，利用亮通道先验[8]和模糊聚类算法对水下图像进行场景分类，并估计出各个独立场景的入射光。

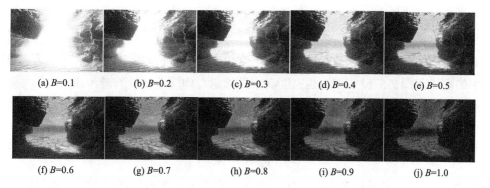

(a) B=0.1   (b) B=0.2   (c) B=0.3   (d) B=0.4   (e) B=0.5

(f) B=0.6   (g) B=0.7   (h) B=0.8   (i) B=0.9   (j) B=1.0

图 7-3 He 等[9]算法在不同全局背景光下的场景反照率增强效果

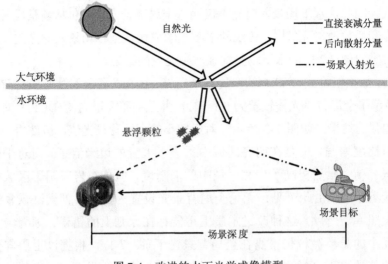

图 7-4　改进的水下光学成像模型

7.3.2　场景入射光的估计

通过 7.3.1 节的研究分析可知，传统的水下光学成像模型中的场景入射光被定义为全局常量是不合理的，水下各个独立场景的入射光照强度应该是不相同的，且在同一场景中的入射光照强度大致相同，所以水下场景入射光的估计可以总结成一个图像聚类的问题。为此，本章为各个独立场景估计场景入射光。本章利用亮通道先验对水下图像的整体入射光照程度进行评估。亮通道先验是受暗通道先验[8]的启发，基于对大量清晰的水下图像的观察得到以下结论：至少有一个颜色通道的像素值很高，说明这些像素所在的局部区域具有高亮度或场景光反射能力强的特点。本章给出四幅水下图像与其亮通道图的对比，如图 7-5 所示，发现亮通道图中的高像素区域主要包括以下两个因素：①明亮的彩色场景，如图 7-5(a) 中的海星和图 7-5(b) 中的海鱼；②灰白色场景，如图 7-5(c) 的海平面。所以，亮通道图能反映图像场景的亮度信息和光反射能力。对于任意一幅水下图像 J，其亮通道图定义为

$$J_{\text{bright}}(x) = \max_{y \in \Omega(x)} \{ \max_{c \in \{R,G,B\}} J_c(x) \} \tag{7-9}$$

其中，$J_{\text{bright}}(x)$ 表示亮通道图；$\Omega(x)$ 表示一个以 x 为中心的局部区域，如以 x 为中心的 $R \times R$ 矩阵；max 表示最大值滤波运算。

(a)　　　　　　(b)　　　　　　(c)　　　　　　(d)

图 7-5　水下图像与其亮通道图

对图像的整体光照程度进行评估后，利用聚类算法分割、识别出亮通道图中光辐射强度为强、中和弱三个独立场景。目前，常见的聚类算法包括自组织特征映射 (self-organizing feature map, SOFM) 聚类算法[10]、层次聚类算法[11]、k 均值聚类算法[12] 和模糊 c 均值 (fuzzy c-means, FCM) 聚类算法[13]。虽然自组织特征映射聚类算法具有一定的学习能力和容错能力，但算法过于复杂，运行时间过长；层次聚类算法无须确定聚类数目，而是通过合并和分裂的方式进行聚类，而且聚类过程是不可逆的，最后聚类结果只是局部最优，并不是全局最优，导致其应用的鲁棒性不高；虽然 k 均值聚类算法计算效率高，但聚类过程极易受初始聚类坐标的干扰，导致聚类结果不稳定；相比之下，模糊 c 均值聚类算法通过建立对类别隶属程度的描述，使算法的准确性和稳定性都有较大的提高，因此本章选用模糊 c 均值聚类算法对水下图像的亮通道图进行聚类处理，其聚类函数表示为

$$\tilde{U} = \arg\min\left\{ \sum_{i=1}^{c_n} \sum_{j=1}^{l} u_i \left[J_{\text{bright}}(j) \right]^m \cdot \left\| J_{\text{bright}}(j) - v_i \right\|^2 \right\} \tag{7-10}$$

其中，$c_n=3$ 表示目标聚类个数；u_i 表示第 i 个目标聚类的隶属度 $(0 \leqslant u_i \leqslant 1)$；$m=2$ 表示加权函数；v_i 表示第 i 个聚类中心坐标；l 表示图像分辨率；$\tilde{U}$ 表示亮通道图的模糊划分矩阵，即图像划分的各个独立场景，如图 7-6(b) 所示，相同颜色的区域表示同一场景。

对亮通道图做聚类处理后，在亮通道图的各个场景中挑选出前 0.1% 的最高像素，挑选其在水下图像 I_λ 中对应像素位置的最大亮度值作为场景入射光值。然而，图 7-6(b) 显示聚类算法无法保留原图像的大部分边缘信息，这将导致增强后的图像出现局部区域块伪影和大量色斑等问题。针对此问题，本章利用导向图滤波

(a) 原图像　　　　　　　(b) 亮通道图　　　　　　(c) 场景入射光图

图 7-6　水下图像与其亮通道图和场景入射光图

算法[14]对场景入射光图进行细化，从而获得边缘信息更为丰富的场景入射光图，其中引导图为原图像 I_λ。如图 7-6(c)所示(以蓝色通道的场景入射光为例)，滤波后的场景入射光具有更为丰富的边缘信息，且本章估计出的场景入射光比恒定的全局背景光更符合水下环境光的真实分布，所以式(7-8)将进一步被改进，最终的改进水下光学成像模型的定义式为

$$I_\lambda(x) = L(x)\rho_\lambda(x)t_\lambda(x) + B_{\lambda,\infty}\left[1 - t_\lambda(x)\right] \tag{7-11}$$

其中，L 表示各个像素对应的场景入射光值。与式(7-8)相比，这样的处理方式既没有损坏原有的场景入射光值，也解决了图像局部区域出现块伪影和大量色斑等问题。此外，虽然亮通道图能对图像进行整体光照强度的评估，但并不适合直接将它代替场景入射光图进行下一步的操作。首先，亮通道图属于单通道图，不同于场景入射光图能够估计出各个颜色通道的每个场景的入射光；而且亮通道图在反射能力较差的区域(如暗色的场景)并不能准确地估计出入射光值；最后，亮通道图的像素值普遍过大，水下图像增强结果很可能出现过度曝光的问题。如图 7-7 所示，对场景分类和场景不分类的实验结果进行比较。图 7-7(a)显示了三幅较暗的水下模糊图像，图 7-7(b)为亮通道图代替场景入射光图的实验结果，图 7-7(c)为场景分类后的实验结果。如图 7-7(b)所示，其对应的亮通道图虽然具有一定的图像增强效果，但是三幅图明显存在过度曝光的问题，所以用亮通道图代替场景入射光图不仅不能反映各个场景真实的入射光照，而且会干扰本章算法的有效性。相比于图 7-7(b)，场景分类后的实验结果在色彩保真度和视觉效果上更为自然，

而且在场景入射光较小的场景中(如图 7-7(c)中第一幅图的海底和第三幅图的海藻),也能得到明显的边缘信息恢复,所以本章算法提出的场景入射光图具有可行性和优越性。

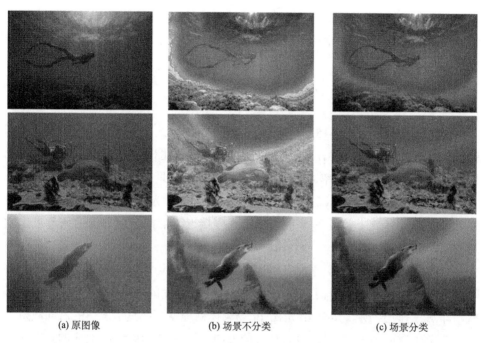

　　　(a) 原图像　　　　　　　　　(b) 场景不分类　　　　　　　　(c) 场景分类

图 7-7　场景分类与场景不分类的比较

7.4　基于水下光学辐照特性的透射率估计

　　水体对光的散射作用和吸收作用导致水下图像模糊,水环境中的悬浮颗粒和水分子是导致这一问题的主要原因。根据朗伯-比尔定律,光在介质中传播时的能量呈指数衰减,假设水体介质是均匀的[15],透射率可以定义为

$$t_\lambda(x) = e^{-cd(x)} \tag{7-12}$$

其中,c 表示水介质衰减系数,其值与波长 λ 有关。水介质衰减系数 c 又是由吸收系数 a 和散射系数 b 组成,即

$$c = a + b \tag{7-13}$$

　　但是在水下成像的过程中很难获取到吸收系数 a 和散射系数 b,需要通过拟合大量的数据才能获得,通常都是根据获取的水下模糊图像直接估计透射率,因

此本章将提出一种基于水下光学辐照特性的透射率估计方法。

结合式(7-5)和式(7-12)可得到背景光的展开式:

$$E_{b\lambda}(x) = B_{\lambda,\infty}\left[1 - e^{-cd(x)}\right] \tag{7-14}$$

根据式(7-14)可知:背景光会随着场景深度的增加而增加。一般地,水介质衰减系数 c 在成像设备光谱带上是恒定不变的。所以本书定义水下图像的场景结构图 S 为

$$S(x) = \frac{B_{\lambda,\infty} - E_{\lambda,\infty}}{B_{\lambda,\infty}} = e^{-cd(x)} \tag{7-15}$$

根据式(7-12)和式(7-15)可以得到 $S(x)=t_\lambda(x)$,因此依赖于场景深度的结构图 S 能被当成水介质透射率 t_λ,且透射率图中包含了原图像的大量边缘信息,本章将从式(7-15)中求得透射率。对于特别模糊的水下场景或在场景深度特别大的水下场景处,图像清晰度衰减严重,且观察到的总辐射光照 E_T 主要源于后向散射分量 E_b。在此基础上,Li 等[16]利用辐射强度接近于后向散射分量的场景求出空间结构。

如图 7-8 所示,对于不同水下环境条件下的同一场景,矢量 E_T、E_d 和 E_b 将随着场景模糊程度的不同而发生变化,随着模糊程度的加剧,E_b 将逐渐接近于 E_T,即 E_b' 趋向于 E_T',其中 E_d' 是比 E_b 场景模糊程度更严重情况下的后向散射分量。E_d 关于透射率 t_λ 成正比,所以 E_d 的方向是不变的,因为 E_d 对应的是在无悬浮微粒的水环境下反射光线的衰减过程,但 E_d 的幅值会随着不同的透射率 t_λ 而变化,即 E_d 趋向于 E_d'。但是对于大多数水下图像而言,E_b 和 E_T 并不是严格相等的(除非水下场景存在模糊程度极高的情况),所以本章引入一个补偿因子 $p(0 \leqslant p \leqslant 1)$ 来表示 E_b 和 E_T 之间的差异,结合图 7-8 和式(7-14),得到式(7-16)和式(7-17)

$$E_T(x)p = B_{\lambda,\infty}\left[1 - e^{-cd(x)}\right] \tag{7-16}$$

$$p = \cos\theta \cdot \varepsilon \tag{7-17}$$

其中,θ 表示矢量 E_b 和矢量 E_T 之间的角度;$\varepsilon(0 \leqslant \varepsilon \leqslant 1)$ 表示矢量 E_b 和矢量 E_T 之间幅值差的参数,因此可从式(7-16)中分离出透射率 t_λ:

$$t_\lambda(x) = e^{-cd(x)} = 1 - p\frac{E_T(x)}{B_{\lambda,\infty}} \tag{7-18}$$

当 p 接近于 0 时,t_λ 接近于 1,表示水环境中几乎没有散射微粒对全局背景光起散射作用,说明水下图像清晰度极高;当 p 接近于 1 时,t_λ 接近于 0,表示观察

到的场景只有后向散射分量，即 $E_T = E_b$，说明水下场景的清晰度极低。因此，p 随着场景模糊程度的升高而增加，p 不仅可以表征 E_b 和 E_T 之间的差异，也可以表征水下图像场景的模糊程度。通常情况下，当 $0.5 \leqslant p \leqslant 1$ 时，p 可鲁棒地适应不同范围内的模糊程度。

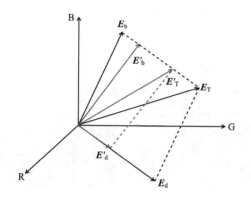

图 7-8　不同模糊程度的成像模型

为获得补偿因子 p，本书通过构建模糊度估计模型估计出水下图像的模糊程度量化图，再对量化图进行 $0.5 \sim 1.0$ 的标准化处理，得到最后的补偿因子 p。通常情况下，水下场景的模糊程度越高，图像的亮度就会越高，边缘信息的损失就越严重。根据以上内容分析，对于每一幅模糊的水下图像，梯度特征分布 Q_e 和亮度特征分布 Q_b 都可以用来定量描述水下图像中模糊程度的分布。在此基础上，定义了模糊度估计模型：

$$Q(x) = Q_b(x) - \alpha Q_e(x) \tag{7-19}$$

其中，α 表示经验参数，设置为 1，其目的是将梯度值调节至与亮度值具有近似的大小；Q 表示水下图像的模糊程度量化图。其中，特征分布 Q_e 和 Q_b 为梯度图和亮度图局部均值化后表征：

$$\begin{cases} Q_e(p_i) = \dfrac{1}{|\Omega|} \sum_{p_j \in \Omega(p_i)} \left| \nabla E(p_j) \right| \\[4mm] Q_b(p_i) = \dfrac{1}{|\Omega|} \sum_{p_j \in \Omega(p_i)} \overline{E}(p_j) \end{cases} \tag{7-20}$$

其中，$\Omega(p_i)$ 表示以像素索引 p_i 为中心的邻域，Ω 为邻域内的像素个数；∇E 和 $\overline{E}$ 分别表示水下图像 E_T 归一化后的梯度量化图和亮度量化图。不同类型水下图像的模糊程度量化图如图 7-9 所示。然后将模糊程度量化图中的像素值标准化到 $(0.5,1)$，将标准化后的量化图当作补偿因子 p，最后将 p 代入式(7-17)中。如图 7-10(d)所示，能得到透射率图。图 7-10(b)和(c)分别是采用 DCP 去雾算法和水下暗通道先验(underwater dark channel prior，UDCP)算法估计出的透射率图。通过将图 7-10(d)与(b)、(c)比较可以得到，本章算法求出的透射率图比其他两组图具有更多的结构信息和更准确的场景深度信息。

(a) 原图像　　　　　　　　　　　　(b) 水下场景模糊程度量化图

图 7-9　水下场景模糊程度的估计

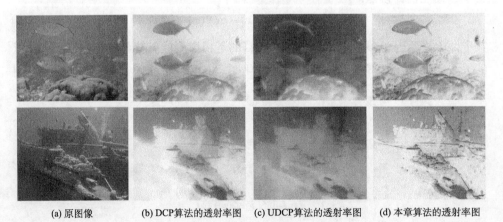

(a) 原图像　　(b) DCP算法的透射率图　　(c) UDCP算法的透射率图　　(d) 本章算法的透射率图

图 7-10　估计出的透射率图

最后通过图像的透射率 t_λ 就可以计算出全局背景光 $B_{\lambda,\infty}$。从式(7-12)中可以得到，当场景深度 d 为无穷大时，透射率则趋向于 0。再结合式(7-11)可得

$$B_{\lambda,\infty}=I_\lambda(x),\qquad d(x)\to\infty \tag{7-21}$$

然而在实际水下图像成像过程中，d 不可能为无穷大，只能为极大的值，其对应着极低的透射率 t_0（本书 $t_0=0.01$）。则全局背景光的最终估计值为

$$B_{\lambda,\infty}=\max_{y\in\{x|t_\lambda(x)\leqslant t_0\}}I_\lambda(y) \tag{7-22}$$

给定图像的透射率、全局背景光和场景入射光，就能恢复出清晰的水下图像。最终的水下场景反照率 ρ_λ 根据式(7-23)得到

$$\rho_\lambda(x)=\frac{I-B_{\lambda,\infty}\left[1-t_\lambda(x)\right]}{L(x)t_\lambda(x)} \tag{7-23}$$

7.5　实验结果与对比分析

7.5.1　实验结果

为验证改进水下光学成像模型的有效性和优越性，将本章提出的水下图像增强算法和基于传统水下光学成像模型的水下图像增强算法（其中 t_λ 和 $B_{\lambda,\infty}$ 由本章算法计算给出）进行比较。图 7-11(a)显示了两幅模糊的水下图像，图 7-11(b)和(c)分别显示了基于传统水下光学成像模型的水下图像增强算法和本章算法的实验结果。

(a) 原图像　　　　　(b) 基于传统水下光学成像模型的算法　　　　　(c) 本章算法

获取原图

图 7-11　基于传统水下光学成像模型的算法和本章算法的实验结果

由图 7-11(b)所示，基于传统水下光学成像模型的水下增强效果比较理想，能恢复出较好的图像细节，说明本章算法估计出的透射率是可行有效的，但是整体亮度偏低，对于光线较暗的区域，恢复效果不明显。相比于图 7-11(b)，本章算法因为准确地估计出了水下图像各个场景的入射光，所以增强图像具有更好的细节信息，尤其是在光线较暗的区域，因此本章算法提出的改进水下光学成像模型具有优越性。为了验证本章算法的有效性，使用 MSRCR[3]算法、DCP&CLAHE[2]算法和本章算法对四幅典型的水下模糊图像在 Matlab 平台上进行图像增强实验，图片来源于网络数据。如图 7-12(a)～图 7-15(a)所示，分别为海星、浅滩、海鱼和珊瑚礁模糊图像，几乎都存在对比度低、清晰度低和边缘信息模糊等问题。

图 7-12～图 7-15 是对四幅水下模糊图像使用本章算法进行增强，并分别与带色彩恢复的多尺度视网膜增强(MSRCR)算法、DCP&CLAHE 算法进行比较的实验结果。颜色恒常理论认为图像的色彩与物体表面的反射特性相关，而与物体表面受到光照关系较小；MSRCR 算法在该理论中引入调整因子来减少颜色失真的影响。由于它能平衡图像的动态范围压缩、边缘增强和颜色恒常性三者的关系，以及可以自适应地处理各类图像，MSRCR 算法被广泛用于各种图像的增强。

(a) 模糊图像　　　　　　　　　　　　　　　(b) MSRCR算法

(c) DCP&CLAHE算法　　　　　　　　　　　(d) 本章算法

获取原图

图 7-12　海星观测数据及恢复结果

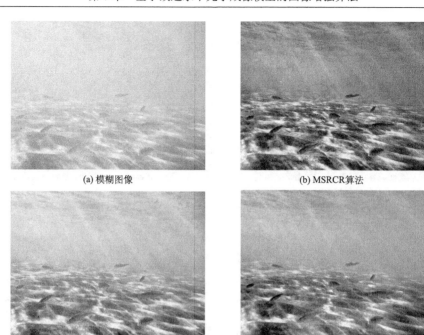

(a) 模糊图像　　　　　　　　　　　　　　(b) MSRCR算法

(c) DCP&CLAHE算法　　　　　　　　　　(d) 本章算法

获取原图

图 7-13　浅滩观测数据及恢复结果

(a) 模糊图像　　　　　　　　　　　　　　(b) MSRCR算法

(c) DCP&CLAHE算法　　　　　　　　　　(d) 本章算法

获取原图

图 7-14　海鱼观测数据及恢复结果

(a) 模糊图像 (b) MSRCR算法

(c) DCP&CLAHE算法 (d) 本章算法

图 7-15 珊瑚礁观测数据及恢复结果

由图 7-12(b)～图 7-15(b)可知，经过 MSRCR 算法增强后的图像，虽然在对比度方面得到提高，但是噪声被放大，部分区域偏暗，视觉效果也不自然。由图 7-12(c)～图 7-15(c)可知，DCP&CLAHE 算法的增强图像在色彩对比度上有所提升，但没有正确地恢复图像的色彩信息，如浅滩和珊瑚礁模糊图像的近景区域偏白(注：由于单色印刷，图像色彩信息呈现可能受到影响)。由图 7-12(d)～图 7-15(d)直观上可以看出由本章算法增强的图像在对比度和清晰度方面比原图提高了许多，而且远处场景细节也较明显，使得整幅图在视觉上相对美观。

7.5.2 算法性能分析

结合图像质量的评价指标，就清晰度和对比度还原程度对本章提出的水下图像增强算法、MSRCR 算法和 DCP&CLAHE 算法进行分析和评价。本章采用对比度 C、信息熵 H、灰度平均梯度 GMG、峰值信噪比 PSNR，以及程序运行时间 T 来评判各算法的优劣。对比度是衡量水下图像处理算法增强效果的重要指标，对于具有 N 个像素点的彩色图像 I，对比度 C 可定义为

$$C(I) = \frac{\sqrt{\dfrac{1}{N}\sum_{i=1}^{N}\sum_{c=\mathrm{R,G,B}}(I_c^i - \overline{I}_c)^2}}{\sum_{c=\mathrm{R,G,B}}\overline{I}_c} \qquad (7\text{-}24)$$

其中，

$$\overline{I}_c = \frac{1}{N}\sum_{i=1}^{N} I_c^i \qquad (7\text{-}25)$$

图像信息熵表示图像区域的随机度和信源的平均信息量，一般而言，该值越大，则表明获取的图像信息越丰富。灰度平均梯度是反映图像的清晰度和纹理变化的性能指标，其值越大，说明图像越清晰。峰值信噪比是衡量图像失真或噪声水平的性能指标，其数值越大，表示失真程度越小，对于原图像 I 和增强后图像 K，其峰值信噪比可定义为

$$\mathrm{PSNR} = 20\lg\left[\frac{\max(I)}{\sqrt{\mathrm{MSE}}}\right] \qquad (7\text{-}26)$$

其中，MSE 是均方误差：

$$\mathrm{MSE} = \frac{1}{N}\sum_{i=1}^{N}\left[I(i)-K(i)\right]^2 \qquad (7\text{-}27)$$

其中，N 表示图像 I 的分辨率。表 7-1 展示了图 7-12～图 7-15 中四组图像的对比度、信息熵、灰度平均梯度及峰值信噪比指标对比结果。

表 7-1　实验数据对比

图像	性能指标	MSRCR 算法	DCP&CLAHE 算法	本章算法
图 7-12	C	**47.7018**	46.0652	40.9159
	H	17.1709	17.6570	**17.7106**
	GMG	9.6339	10.4391	**10.5128**
	PSNR/dB	9.3673	**14.7506**	14.1897
	T/s	**2.8715**	18.6376	14.5664
图 7-13	C	29.2954	**40.5379**	32.8063
	H	13.3965	**16.5850**	15.9749
	GMG	7.9916	**13.9552**	10.0975
	PSNR/dB	13.2504	15.5154	**18.3735**
	T/s	**1.8083**	19.5947	13.1916

续表

图像	性能指标	MSRCR 算法	DCP&CLAHE 算法	本章算法
图 7-14	C	34.2651	30.3375	**37.8275**
	H	17.8201	16.1917	**17.9075**
	GMG	4.6852	3.2132	**4.7676**
	PSNR/dB	9.4434	10.3274	**11.8607**
	T/s	**5.0184**	59.6211	42.2676
图 7-15	C	29.2542	31.8753	**35.8387**
	H	16.4273	16.9000	**17.2102**
	GMG	4.1838	5.1456	**5.2115**
	PSNR/dB	11.4758	20.0558	**21.9068**
	T/s	**2.3675**	23.6540	18.3616

由表 7-1 可知，本章算法的各个性能指标都有较大的提升。对比度高，说明本章算法的增强图像具有清晰的细节和自然的视觉效果；而峰值信噪比的优势则说明增强后的图像具有较好的信号聚焦和噪声抑制能力。客观来说，本章算法的增强结果表现出良好的优越性和鲁棒性，整体上优于其他两种算法。因为 MSRCR 算法和 DCP&CLAHE 算法过度增强图像的边缘信息，导致其对比度和信息熵异常，所以表 7-1 中的海星和浅滩的增强图的对比度和信息熵都高于本章算法，但视觉效果显得极其不自然。对于表 7-1 中的海星模糊图，DCP&CLAHE 算法的峰值信噪比略高于本章算法，但是过高的对比度导致图像质量虽然得到了提高，但视觉效果同样显得不自然。本章算法在运行时间上不是最优的，相比于 MSRCR 算法运行时间较长，这是由于本章算法中，透射率的估计和细化环节及参数的遍历都较耗时，但相比于基于水下光学成像模型的图像增强算法，例如 DCP&CLAHE 算法，本章算法在运行时间上具有一定的优势。

7.6　本章小结

在深入研究传统水下光学成像模型时，发现其在水下应用中存在不能准确估计水下场景入射光的问题，本章在传统水下光学成像模型的基础上进行改进，并提出一种基于改进水下光学成像模型的水下图像增强算法。本章重点介绍了改进水下光学成像模型、场景入射光的估计和透射率的估计；并进行了实验验证，给出了与 MSRCR 算法、DCP&CLAHE 算法的对比实验结果和对应的图像评价指标。

实验结果表明，本章算法能有效地提高水下模糊图像的对比度和清晰度，对水下模糊图像有显著的改善效果。

参 考 文 献

[1] 屈新岳, 宋蕾, 于露. 海洋光学特性对水下图像录取系统的影响[J]. 科技信息(科学教研), 2007, (31): 20, 84.

[2] Mallik S, Khan S S, Pati U C. Underwater image enhancement based on dark channel Prior and Histogram Equalization[C]. Information Embedded and Communication Systems, 2016: 139-144.

[3] Jobson D J, Rahman Z U, Woodell G A. A multiscale retinex for bridging the gap between color images and the human observation of scenes[J]. IEEE Transactions on Image Processing, 1997, 6(7): 965-976.

[4] Schechner Y Y, Karpel N. Recovery of underwater visibility and structure by polarization analysis[J]. IEEE Journal of Oceanic Engineering, 2005, 30(3): 570-587.

[5] Yuan H, Kwong S, Wang X, et al. A virtual view PSNR estimation method for 3-D videos[J]. IEEE Transactions on Broadcasting, 2016, 62(1): 134-140.

[6] Jaffe J S. Computer modeling and the design of optimal underwater imaging systems[J]. IEEE Journal of Oceanic Engineering, 1990, 15(2): 101-111.

[7] 王彬. 水下图像增强算法的研究[D]. 青岛: 中国海洋大学, 2008.

[8] Bi G, Ren J, Fu T, et al. Image dehazing based on accurate estimation of transmission in the atmospheric scattering model[J]. IEEE Photonics Journal, 2017, 9(4): 1-18.

[9] He K M, Sun J, Tang X O. Single image haze removal using dark channel prior[J]. IEEE Transactions on Pattern Analysis and Machine Intelligence, 2011, 33(12): 2341-2353.

[10] Nishiyama K, Endo S, Jinno K, et al. Identification of typical synoptic patterns causing heavy rainfall in the rainy season in Japan by a Self-Organizing Map[J]. Atmospheric Research, 2007, 83(2-4): 185-200.

[11] 周晨曦, 梁循, 齐金山. 基于约束动态更新的半监督层次聚类算法[J]. 自动化学报, 2015, 41(7): 1253-1263.

[12] Kang S H, Sandberg B, Yip A M. A regularized k-means and multiphase scale segmentation[J]. Inverse Problems and Imaging, 2011, 5(2): 407-429.

[13] Qamar U. A dissimilarity measure based Fuzzy c-means(FCM)clustering algorithm[J]. Journal of Intelligent and Fuzzy Systems, 2014, 26(1): 229-238.

[14] He K M, Sun J, Tang X O. Guided image filtering[J]. IEEE Transactions on Pattern Analysis and Machine Intelligence, 2013, 35(6): 1397-1409.

[15] Webb W L. The physics of atmospheres[M]. London: Cambridge University Press, 2002.

[16] Li L R, Sang H S, Zhou G, et al. Instant haze removal from a single image[J]. Infrared Physics and Technology, 2017, 83: 156-163.

第8章 基于优化卷积神经网络的图像增强算法

8.1 引　　言

虽然第 7 章的水下图像复原算法能够获得令人较为满意的图像复原效果，但是该算法仍属于传统的水下图像复原算法。传统的水下图像复原算法根据图像成像特点或复杂的公式推导获取图像特征，而且对先验知识和假设具有依赖性，导致算法运行时间较长，无法满足实时性要求较高的应用场景。因此本章提出一种基于优化卷积神经网络 (convolutional neural network, CNN) 的快速图像复原算法。

2011 年后，随着深度学习网络的飞速发展，卷积神经网络已成功应用于人脸识别、图像分类和物体检测等高级视觉任务[1]，而且一些基于神经网络的深度学习方法被应用于图像恢复和重建的低级视觉任务[2]，然而上述方法并不能直接应用于水下图像复原。为此，本章提出一种基于卷积神经网络的输入输出系统，名为 UIRNet (underwater image restoration network)，用于水下图像透射率的估计，能准确估计出输入图像与其透射率之间的映射关系。UIRNet 将水下图像作为输入，输出其对应的透射率图。最后利用改进的水下光学成像模型，对输入图像进行复原。对比实验结果表明，本章算法在信息熵、对比度、峰值信噪比和结构相似性[3]等各项评价指标上均优于其他对比算法，能够明显改善图像的复原效果。对比实验的主客观分析结果显示，本章算法能够提高水下图像的清晰度和对比度，在保留图像细节信息的同时，大幅度缩减了运行时间，较好地避免了传统水下图像复原算法固有的弊端。

8.2　卷积神经网络原理

神经网络 (neural network) 中最基础的组成单元为神经元 (neuron)，也称为感知器。如图 8-1 所示，最左端每个圆圈都是一个感知器，每条线表示感知器之间的连接，不难发现，层与层之间的感知器有连接，而层内之间的感知器没有连接。

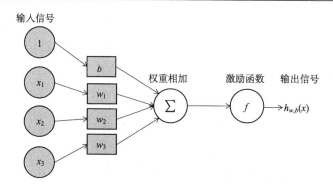

图 8-1　感知器结构图

如图 8-1 所示，单个感知器可接收多个输入信号，每个输入由一个输入权重、一个偏置项和激励函数构成。其中，$\{1, x_1, x_2, x_3\}$ 为感知器的输入信号；$\{b, w_1, w_2, w_3\}$ 为感知器的输入权重，b 为感知器的偏置项，f 为感知器的激励函数，该感知器的表达式可定义为

$$h_{w,b}(x) = f(w^{\mathrm{T}}x) = f\left(\sum_{i=1}^{3} w_i x_i + b\right) \tag{8-1}$$

神经网络其实就是按照一定规则将多个感知器连接起来，如图 8-2 所示，感知器按照层来分布，所以神经网络结构被分成了多层，层与层之间的感知器有连接，而同一层的感知器之间没有连接。图 8-2 最左边所示为输入层，用于接收输入数据；最右边的为输出层，用于获取神经网络的输出数据；输入层和输出层之

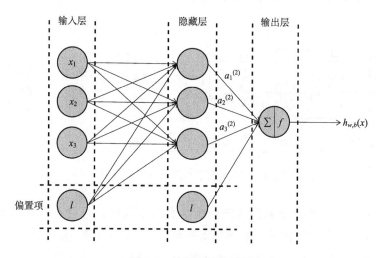

图 8-2　神经网络结构图

间的所有层都被称为隐藏层。图中 $a(l)i$ 表示第 l 层第 i 个感知器的输出值。若对于输入层，当 $l=1$ 时，$a(1)i=x_i$，$a(1)i$ 表示第 i 个输入值，则该神经网络的每层的输出结果可表示为

$$a_1^{(2)} = f(w_{11}^{(1)}x_1 + w_{12}^{(1)}x_2 + w_{13}^{(1)}x_3 + b_1^{(1)}) \tag{8-2}$$

$$a_2^{(2)} = f(w_{21}^{(1)}x_1 + w_{22}^{(1)}x_2 + w_{23}^{(1)}x_3 + b_2^{(1)}) \tag{8-3}$$

$$a_3^{(2)} = f(w_{31}^{(1)}x_1 + w_{32}^{(1)}x_2 + w_{33}^{(1)}x_3 + b_3^{(1)}) \tag{8-4}$$

$$h_{w,b}(x) = f(w_{11}^{(2)}a_1^{(2)} + w_{12}^{(2)}a_2^{(2)} + w_{13}^{(2)}a_3^{(2)} + b_1^{(2)}) \tag{8-5}$$

但是对于网络层数稍多的架构，过多的参数会导致整个网络的扩展性较差，此外，全连接没有利用像素之间的位置信息，导致训练出大量不重要的参数，使得整个网络训练参数的效率极低。所以本章引入一种更适合图像处理任务的神经网络结构：卷积神经网络。卷积神经网络主要在传统神经网络的基础上引入了卷积层(convolution layer)和池化层(pooling layer)[4]，使网络架构之间的感知器具有权值共享和局部连接的特性，不仅减少了参数的数量，降低了学习复杂度，而且提升了模型的鲁棒性。目前，卷积神经网络几乎在图像识别、语音分析等重要领域均发挥着重要作用。

如图 8-3 所示，一个卷积神经网络一般由若干卷积层、若干池化层和全连接层组成。卷积神经网络的层结构与全连接神经网络的层结构有很大不同，全连接神经网络每层的感知器是一维排列的，而卷积神经网络每层的感知器是三维排列的，输入项和输出项包含宽度、高度和深度。

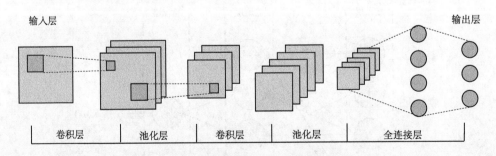

输入层　　　　　　　　　　　　　　　　　　　　　　　　　　　　　　　输出层

| 卷积层 | 池化层 | 卷积层 | 池化层 | 全连接层 |

图 8-3　典型的卷积神经网络结构图

卷积神经网络相较于其他传统网络具有局部连接、权值共享和降采样的优势。局部连接的设计思路是每个感知器不再和上一层所有的感知器相连接，而是和一部分神经元相连接，这样不仅大大减少了参数数量，而且提高了整个网络的可扩展性；权值共享的设计思路是一组连接可以共同使用一个权重值，而不是每

一组连接都有不同的权重值，这样又进一步减少了参数数量，提升了整个网络训练参数的效率；降采样的设计思路是采用具有无参特性的池化层，可以减少每层样本的数量，再进一步减少参数数量的同时，又提升了整个网络训练参数的鲁棒性。卷积运算看作滤波操作，其运算方式如图 8-4 所示，假设一个 4×4 的图像，使用一个 2×2 的卷积核进行卷积，得到一个 3×3 的特征输出图，其中卷积运算的步长为 1，边缘扩充为 0。

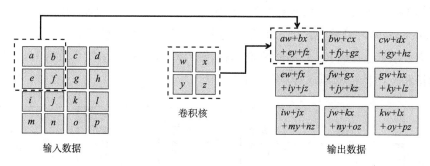

图 8-4 　卷积的运算方式

卷积神经网络的每一个卷积层中可以同时使用多个尺寸不同的卷积核，在卷积的过程中，卷积核在输入矩阵上有规律地左右平移和上下平移，每次平移只处理一个小块图像(一般为正方形小块)，每个卷积层提取的特征会在之后的卷积层中组合成更高阶的特征。

卷积神经网络中的池化层操作主要包括：最大值池化和平均值池化；用于将层与层之间的所有神经元连接起来的全连接层；用于非线性映射信号复原的激励函数，如 Sigmoid 激励函数、ReLU 激励函数、Leaky ReLU[5]激励函数。

21 世纪开始，卷积神经网络在机器视觉领域中的许多视觉任务中取得了极大的成功，通过大量的数据集训练得到的特征值在大量的任务中已被证实比传统的先验知识和假设条件具有更强的表征能力[6]。

8.3　UIRNet 网络结构分析

对水下光学成像模型的相关介绍表明，透射率的估计是恢复水下清晰图像最重要的一个环节。为此，本章提出一种名为 UIRNet(underwater image restoration network)的卷积神经网络架构，该架构可以准确估计出输入图像与其透射率之间的映射关系。在本节中，将详细介绍 UIRNet 的层设计。

本章提出的卷积神经网络架构主要由卷积层、池化层和全连接层组成，在这些网络层之后采用适当的激励函数。图 8-5 显示了 UIRNet 的流程图，其网络层和激励函数旨在实现水下图像透射率的准确估计，按从左往右的顺序分别是特征提取层、多尺度特征映射层、特征重标定层和非线性回归层。特征提取层包含卷积层、最大值池化层及 Leaky ReLU 激励函数[5]，卷积核尺寸为 5×5，卷积核个数为12。多尺度特征映射层采用 Inception 架构，包含 5 个卷积层，卷积核尺寸有三种，分别为 1×1、3×3、5×5，卷积核个数为 60。特征重标定层采用 SENet(squeeze-and-excitation networks) 单元，包含平均池化层、全连接层和激励函数。非线性回归层包含卷积层和 Leaky ReLU 激励函数，卷积核尺寸为 8×8，卷积核个数为 36。UIRNet 卷积核和输出特征的属性详见表 8-1。

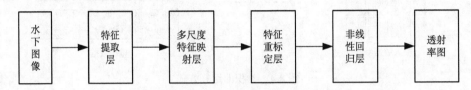

图 8-5　UIRNet 的流程图

表 8-1　UIRNet 卷积核和输出特征的属性

单元层	类型	输入尺寸	个数	卷积核尺寸	填充	输出尺寸
特征提取	卷积	16×16×3	12	5×5×3	0	12×12×12
	最大值池化	12×12×12	—	5×5	0	8×8×12
多尺度特征映射	卷积	8×8×12	12	1×1×12	0	8×8×12
			12	1×1×4	0	8×8×4
			12	1×1×4	0	8×8×4
		8×8×12	—	—	—	8×8×36
		8×8×4	12	3×3×12	1	
		8×8×4	12	5×5×12	2	
特征重标定	平均池化	8×8×36	—	8×8	0	1×36
	全连接	1×36	—	18×1	0	1×2
		1×2	—	1×18	0	1×36
	相乘	8×8×36 1×36	—	—	—	8×8×36
非线性回归	卷积	8×8×36	36	8×8	0	1×1

8.3.1 特征提取层

为解决水下图像复原问题的不适定性，多数水下图像复原算法提出各种先验和假设，如 DCP 先验[7]、最大后验概率（maximum a posteriori，MAP）[8]和贝叶斯线性回归（Bayesian linear regression，BLR）[9]等，再基于这些先验和假设估计出水介质透射率。实际上，水下图像相关特征的提取相当于将图像用适当的滤波器进行滤波处理，再对图像中每个像素进行非线性映射。考虑到大多数的水下图像相关特征图的像素值大于 0，如 DCP 先验和 MIP 先验提取出的特征图，少数相关特征图的部分像素值小于 0。因此在对参数的训练过程中，当正向传播和反向传播的输入数值为负数时，为避免出现梯度消失和无法收敛的情况，本章选用 Leaky ReLU 激励函数作为特征提取层的激励函数，而且 Leaky ReLU 激励函数具有函数结构简单、运算量少和收敛速度快等优点。Leaky ReLU 激励函数如图 8-6 所示，基于卷积层、最大值池化层和 Leaky ReLU 激励函数的特征提取层的网络架构如图 8-7 所示，其表达式为

$$\begin{cases} F_1^i(x) = \max_{y \in \Omega(x)} f_1^i(x) \\ f_1^i(x) = \max\left[a y_1^i(x), y_1^i(x) \right], \quad i \in (1,12) \\ y_1^i = W_1^i * I + B_1^i \end{cases} \tag{8-6}$$

其中，W_1 和 B_1 分别表示卷积层的卷积核和偏置项；Leaky ReLU 激励函数中的经验参数项 $a=0.01$；F_1 表示输出的特征图；$i=1$, 2 表示卷积核个数，也是输出特征图的个数；*表示卷积核与输入图像之间的卷积操作；$\Omega(x)$ 表示以像素点 x 为中心、尺寸为 5×5 的邻域。

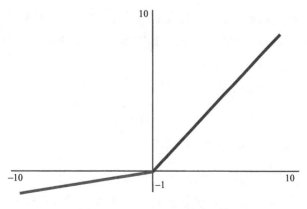

图 8-6 Leaky ReLU 激励函数

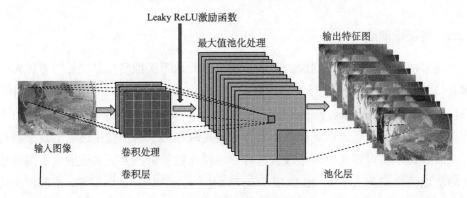

图 8-7　特征提取层的网络架构

8.3.2　多尺度特征映射层

　　一般而言，网络层数越多，提取到的特征就越具代表性，每个特征所感知到的视野就越广。因此，本章利用提取多尺度特征的方法获得更多感知视野和更具代表性的特征图[10]，而且多尺度特征的提取在尺度空间中具有不变性和一致性。但这也会导致训练参数增多，训练难度加大，训练时间变长，甚至会出现过拟合的问题。所以，本章采用 Inception 架构[11]作为基础，搭建多尺度特征映射层。网络结构 GoogLeNet 中的 Inception 架构是一种高效表达特征的稀疏性结构，使用不同尺寸的卷积核对输入图像进行并行卷积获得多尺度特征，再将不同尺度特征进行融合作为输出。Inception 架构大大减少了参数数量，减轻了模型的过度拟合效应，同时提高了参数的利用率。本章采用的卷积核大小为 1×1、3×3、5×5，只要设定卷积步长 stride = 1，边缘扩充 pad = 0, 1, 2，就能获得尺寸相同的输出。在 3×3 和 5×5 的卷积前再分别引入一个大小为 1×1 的卷积核，先对输入特征图进行一次卷积，此操作进一步减少了训练参数的个数，加快了训练参数的速度。基于 Inception 网络架构的多尺度特征映射层如图 8-8 所示，其表达式为

$$\begin{cases} F_{21}^i = W_{21}^i * F_1 + B_{21}^i \\ F_{22}^i = W_{22}^i * \left(w_1^j * F_1 + b_1^j \right) + B_{22}^i \\ F_{23}^i = W_{23}^i * \left(w_2^j * F_1 + b_2^j \right) + B_{23}^i \\ F_2^{3i} = \text{connect}\left(F_{21}^i, F_{22}^i, F_{23}^i \right) \end{cases}, \quad i \in (1,12), j \in (1,4) \qquad (8-7)$$

其中，W_{21} 和 B_{21}、W_{22} 和 B_{22}、W_{23} 和 B_{23} 分别表示尺寸为 1×1、3×3 和 5×5 的卷积核和偏置项；w_1 和 b_1、w_2 和 b_2 分别表示 3×3 和 5×5 的卷积处理前的两个尺寸为

1×1 的卷积核和偏置项；$i = 12$ 表示 W_{21}、W_{22} 和 W_{23} 的个数，也是输出特征图的个数；j 表示 w_1 和 w_2 的个数；connect() 表示矩阵维度连接操作。

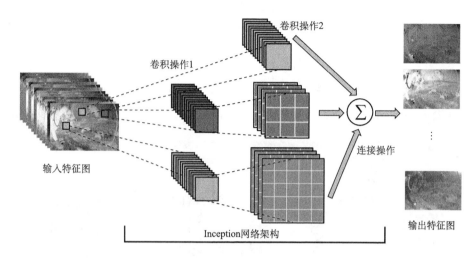

图 8-8　多尺度特征映射层的网络架构

8.3.3　特征重标定层

由表 8-1 可知，多尺度特征映射层输出了 36 幅尺寸为 8×8 的特征图。对于众多的特征图，本章希望通过自适应的方式获取每幅特征图的重要程度，然后依据此重要程度提升有用的特征，抑制对当前任务用处不大的特征，从而提升整个网络架构的性能。因此本章将采用 SENet 架构[12]实现此目的。具体操作步骤如下：

步骤 1　使用 8×8 的尺寸对输出特征图进行全局平均池化，将每幅特征图转换成一个实数，所以步骤 1 的输出是维度为 36 的一维数组，在某种意义上，此数组对应着每幅特征图的全局感受野。

步骤 2　使用两个全连接组成一个 Bottleneck 结构，建模 36 幅特征图之间的相关性，并输出与特征图数目相同的一维数组。具体操作为：通过第一个全连接将输入数组的通道数降低到原有的 1/18，然后对维度为 2 的一维输出数组进行非线性映射后，通过第二个全连接层将输出数组的通道数再次升回到原有特征图的个数，使得步骤 2 输出的一维数组具有更多的非线性特征，能更好地拟合特征图通道间复杂的相关性。

步骤 3　对一维数组进行非线性映射操作获得归一化的权重，然后通过 Scale 操作将权重加权到之前的每个特征图上。基于 SENet 的特征重标定层的架构如

图 8-9 所示，其表达式为

$$\begin{cases} Z^c = \dfrac{1}{H \times W} \displaystyle\sum_{i=1}^{W}\sum_{j=1}^{H}\left(F_2^c\right) \\ S = \sigma\left[w_{32}\delta\left(w_{31}z\right)\right] \quad , \quad c \in (1,36) \\ F_3^c = S_c F_2^c \end{cases} \tag{8-8}$$

其中，H、W 和 c 分别表示输入特征图的高度、宽度和个数；δ 表示 ReLU 激励函数；σ 表示 Sigmoid 激励函数；w_{31} 和 w_{32} 分别表示两个全连接过程中的一维数组。

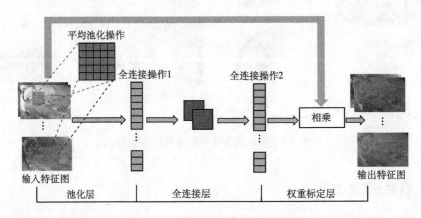

图 8-9　特征重标定层的网络架构

8.3.4　非线性回归层

　　最后一层输出透射率值，首先对上一层输出特征进行卷积，再将输出值进行非线性映射。Cai 等[2]已证明 BReLU 激励函数相比于其他激励函数，更适用于图像恢复等回归问题，所以本章采用 BReLU 激励函数作为非线性回归层的激励函数。基于 BReLU 激励函数的非线性回归层的网络架构如图 8-10 所示，其表达式为

$$F_4 = \min\left[t_{\max}, \max\left(t_{\min}, W_4 * F_3 + B_4\right)\right] \tag{8-9}$$

其中，W_4 和 B_4 分别表示卷积层的卷积核和偏置项；$t_{\max}$ 和 $t_{\min}$ 分别表示 BReLU 激励函数中的阈值，$t_{\max} = 1$、$t_{\min} = 0$。将上述四个单独网络级联在一起形成一个可训练的输入输出系统，系统中的卷积核和偏置项为需要训练的网络参数。当所有网络参数都训练完成，整个系统就能较为准确地映射出图像像素与其对应的透射率之间的关系。

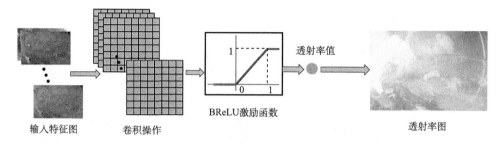

输入特征图　　卷积操作　　　　　BReLU激励函数　　　　　　　　透射率图

图 8-10　非线性回归层的网络架构

8.4　UIRNet 的训练信息

　　UIRNet 的网络参数需要大量的数据集对进行训练,但是收集成对的训练数据集是十分困难的,即水下图像集及其对应未经散射的清晰水下图像,或水下图像集及其对应的透射率图。为此,本章利用改进水下光学成像模型合成所需的训练数据集对。首先从网上收集 1000 张清晰的水下图像,在每幅图像中随机选取 10 张尺寸为 16 像素×16 像素的方块。然后对于每个方块统一采用 10 个随机透射率值 t_r,通过改进水下光学成像模型生成 100 000 张“模糊”的小方块。将合成的小方块作为输入数据集,其合成时所用的透射率值作为标签数据集。为了减少参数训练的不确定性,将背景光 B 和场景入射光 L_p 均设为 1。图 8-11 显示了网上收集的部分水下图像,图 8-12 显示了获取训练数据集的具体步骤。

　　只有训练出网络参数,才能准确计算输入图像与其透射率之间的映射关系。网络参数是通过最小化输出值和标签数据之间的损失函数(loss function)得到的,本章采用均方误差(MSE)作为 UIRNet 的损失函数:

$$E(\Theta) = \frac{1}{N}\left[\sum_{i=1}^{N}\|F(p_i;\Theta) - t_i\|^2 + \sum_{i=1}^{n}\lambda W_i^2\right] \tag{8-10}$$

其中,Θ 表示网络模型中所有参数的集合;F 表示输入方块与其透射率之间的映射关系;p 表示训练数据集输入项;N 表示每次迭代训练数据集的数量;n 表示所有卷积核的个数;正则项系数 λ 设为 0.01。本章利用 TensorFlow 对 UIRNet 的参数进行训练,每次迭代过程包括一次前向预测计算和一次反向梯度计算,其目的为不断更新整个网络中的参数,减少损失函数值,直至损失函数值的变化趋于收敛。采用高斯分布随机初始化每个网络层的卷积核(均值为 0,标准差为 0.001),所有偏置项的初始值设置为 0,学习率(learning rate)设置为 0.0001,最大迭代次数（iteration）为 500000（5 个 epoch），批尺寸（batch size）为 128。

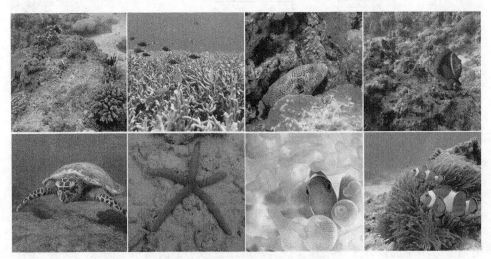

图 8-11　网上收集的部分水下图像

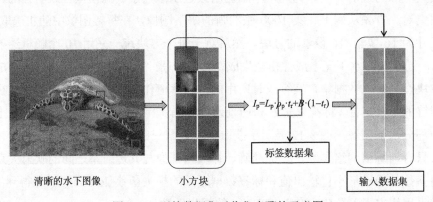

清晰的水下图像　　　　　　　小方块　　　　　　　　　　　　　　输入数据集

$$I_p = L_p \cdot \rho_p \cdot t_r + B \cdot (1 - t_r)$$

标签数据集

图 8-12　训练数据集对收集步骤的示意图

8.5　实验结果与对比分析

　　由于 UIRNet 具有局部极值处理的部分，最终输出的透射率图存在晕圈和块伪影的问题，所以本章采用引导图滤波[13]对透射率图进行细节细化。在第 2 章的基础上求出背景光 $B_{\lambda,\infty}$ 和场景入射光 L，并恢复出清晰的水下图像。尽管透射率的估计采用了卷积神经网络，但整个网络架构并不复杂，在水下图像复原的同时可以有效地保证本章算法的实时性，并且可以在没有 GPU 的情况下运行，仅在 Matlab 2015b 中使用 CPU 就可进行测试。

8.5.1　实验结果

在 UIRNet 中,最重要的是特征提取层和特征重标定层。为验证本章网络架构的有效性,分别对以上两个单元层做相关性能的对比实验,验证 Leaky ReLU 激励函数相对于其他激励函数的优越性,及增加 SENet 单元后的优越性。

包含 Leaky ReLU 激励函数的特征提取层能从原图像中提取丰富并更为准确的水下图像相关特征。在 Leaky ReLU 激励函数替换成其他激励函数的条件下,对网络架构进行参数训练,并对比这几种函数对训练数据集的优化结果。图 8-13(a)分别显示了采用 Leaky ReLU 激励函数、ReLU 激励函数和 Sigmoid 激励函数的 UIRNet 的训练过程,其最终损失值分别是 0.0112、0.0143 和 0.0133。如图 8-13(a)所示,Leaky ReLU 激励函数的损失值大小和收敛速度都优于 ReLU 激励函数和 Sigmoid 激励函数。三种激励函数的最终损失值都在 0.015 以下,说明 UIRNet 本身具有较强的训练能力。

包含 SENet 单元的特征重标定层能估计众多特征图的权重,提升重要的特征,抑制相对不重要的特征,从而优化了网络架构的性能。图 8-13(b)显示了具有 SENet 单元和不具有 SENet 单元的 UIRNet 的训练过程,其最终损失值分别是 0.0112 和 0.0163。如图 8-13(b)所示,包含 SENet 单元相对于不包含 SENet 单元的 UIRNet 在收敛速度方面有大幅度的提升,损失值也大幅度减小。

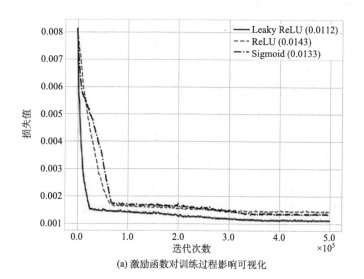

(a) 激励函数对训练过程影响可视化

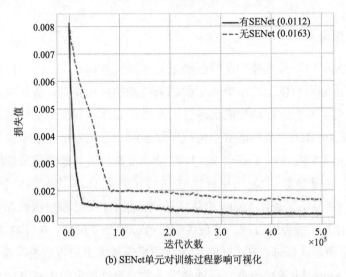

(b) SENet单元对训练过程影响可视化

图 8-13　激励函数和 SENet 单元对训练效果影响可视化

　　为验证本章算法的有效性和优越性，使用 UDCP 算法[14]、DehazeNet 算法[2] 和本章算法对四幅典型的水下模糊图像在 Matlab 平台上进行图像复原实验。图 8-14(a)～图 8-17(a) 分别为浅滩、岩石、珊瑚礁和鱼群模糊图像，四幅图像都存在对比度和清晰度较低及边缘信息模糊等问题。图 8-14～图 8-17 是对四幅水下模糊图像使用本章算法进行复原，并分别与估算水下场景深度的 UDCP 算法、DehazeNet 算法进行比较的实验结果。

　　由图 8-14(b)～图 8-17(b) 可知，经 UDCP 算法增强后的图像，虽然在对比度方面得到提高，但并不能正确保留原图像的色彩信息，如图 8-14(b) 的整体色调偏红色，图 8-15(b) 的整体颜色偏暗。DehazeNet 算法也是一种基于卷积神经网络的图像增强算法，应用于图像去雾，由图 8-14(c)～图 8-17(c) 可知，当 DehazeNet 算法用于水下图像复原时，效果并不明显，如图 8-14(c) 和图 8-15(c) 的远处场景依旧模糊不清，其主要原因为 DehazeNet 所用训练集对都是户外图像而不是水下图像。由图 8-14(d)～图 8-17(d) 可知，本章算法在提高水下图像清晰度和对比度的同时保留了原有图像的色彩信息，使复原图像在视觉上相对美观。

(a) 模糊图像 　　　　　　　　　　　(b) UDCP算法

(c) DehazeNet算法 　　　　　　　　　(d) 本章算法

获取原图

图 8-14　浅滩观测数据及恢复结果

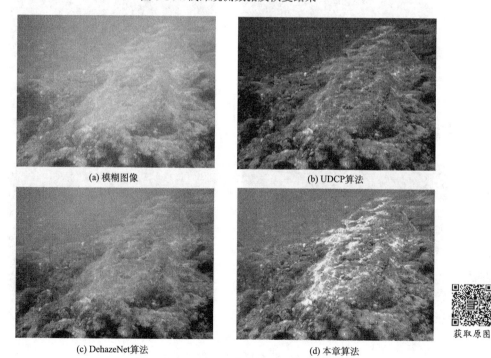

(a) 模糊图像 　　　　　　　　　　　(b) UDCP算法

(c) DehazeNet算法 　　　　　　　　　(d) 本章算法

获取原图

图 8-15　岩石观测数据及恢复结果

图 8-16　珊瑚礁观测数据及恢复结果

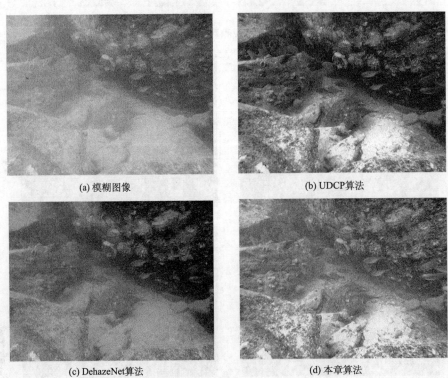

图 8-17　鱼群观测数据及恢复结果

8.5.2　算法性能分析

本章使用一些量化指标对上述实验结果进行客观评价，进一步说明复原效果。使用信息熵 H、对比度 C、峰值信噪比 PSNR、结构相似性（structural similarity，SSIM），以及程序运行时间 T 来评估三种图像复原算法。结构相似性是衡量两幅图相似度的常用性能指标，将复原图像的失真程度建模为亮度、对比度和结构三个不同因素的组合，其值越大，则说明结构保存越完好，复原结果保留的有用信息就越多。结构相似性的定义式为

$$\text{SSIM} = \frac{(2u_I u_K + C_1)(2\sigma_{IK} + C_2)}{(u_I^2 + u_K^2 + C_1)(\sigma_I^2 + \sigma_K^2 + C_2)} \tag{8-11}$$

其中，I 和 K 分别表示原图像和复原图像；u 表示图像的均值；σ 表示图像的标准差；σ_{IK} 表示原图像和复原图像的协方差；C_1 和 C_2 为常数，其目的是避免分母为 0。

表 8-2 为图 8-14～图 8-17 中四组图像的信息熵、对比度、峰值信噪比、结构相似性及程序运行时间指标的对比。由表 8-2 可知，本章算法的各个性能指标都有较大的提升。对比度高，说明本章算法的复原图像具有清晰的细节和自然的视觉效果；信息熵和结构相似性高，说明本章算法保留了原图像大量的有用信息；峰值信噪比的优势说明复原图像具有较好的信号聚焦和噪声抑制能力。客观来说，本章算法的复原结果表现出良好的优越性和鲁棒性，整体上优于其他两种算法。因为 UDCP 算法对浅滩模糊图的过度增强边缘信息，导致视觉效果显得极不自然，所以表 8-2 中的浅滩复原图的对比度高于本章算法。对于表 8-2 中的岩石模糊图和鱼群模糊图，DehazeNet 算法的结构相似性高于本章算法，这是由于本章算法能很好地复原灰暗场景中的图像信息，导致结构相似性在判断复原图像的结构复原的效果时，出现了一定程度的误判。本章算法在运行时间上不是最优的，略高

表 8-2　实验数据对比

图像	性能指标	UDCP 算法	DehazeNet 算法	本章算法
图 8-14	C	**44.8151**	25.5326	36.3990
	H	15.9102	16.6740	**17.2549**
	PSNR/dB	11.8788	14.8978	**16.4421**
	SSIM	0.7567	0.9221	**0.9471**
	T/s	43.1211	**13.0593**	15.4632

续表

图像	性能指标	UDCP 算法	DehazeNet 算法	本章算法
	C	28.9428	26.2225	**31.7784**
	H	16.2988	16.1185	**17.1699**
图 8-15	PSNR/dB	9.6588	15.7758	**16.9673**
	SSIM	0.5997	**0.8813**	0.8218
	T/s	41.4389	**10.1219**	13.5411
	C	27.9711	22.1782	**30.7574**
	H	16.9722	16.6543	**17.5895**
图 8-16	PSNR/dB	12.6365	17.1212	**18.5775**
	SSIM	0.7476	0.9189	**0.9372**
	T/s	38.2754	**8.7241**	10.3423
	C	43.2194	44.7212	**48.3270**
	H	16.6257	16.0936	**17.2679**
图 8-17	PSNR/dB	12.1335	13.5303	**18.0533**
	SSIM	0.5817	**0.8014**	0.7157
	T/s	40.1298	**10.6544**	12.7659

于 DehazeNet 算法，这是由于相比于 DehazeNet 算法，本章算法中场景入射光的估计也需要一定的运行时间，但是对于传统的水下图像复原算法，如 UDCP 算法，本章算法在运行时间上具有极佳的优势。

8.6　本　章　小　结

传统水下图像复原算法根据预先推导出的先验或者假设，通过复杂的公式推导出水下图像相关特征，此类算法不仅对先验和假设具有依赖性，而且算法运行时间较长，无法满足实时性要求较高的应用场景。针对此问题，本书提出一种基于优化卷积神经网络的快速图像复原算法。本章重点介绍了卷积神经网络的相关内容、UIRNet 的网络架构和 UIRNet 的训练信息，本章算法能通过卷积神经网络自动提取水下图像的相关特征，从而得到水下图像到透射率图的映射。最后进行了实验验证，给出了与 UDCP 算法、DehazeNet 算法的对比实验结果和对应的图像评价指标，同时对 UIRNet 网络架构性能的优越性进行了相关的实验验证。实验结果表明，具有 Leaky ReLU 激励函数和 SENet 单元的 UIRNet 网络架构具有更好的训练性能，同时本章算法能有效地提高水下图像场景的清晰度和对比度，大幅度减少了算法运行时间。

参 考 文 献

[1] Li Q, Cai W, Wang X, et al. Medical image classification with convolutional neural network[C]. Proceedings of International Conference on Control Automation Robotics & Vision, 2014: 844-848.

[2] Cai B, Xu X, Jia K, et al. DehazeNet: an end-to-end system for single image haze removal[J]. IEEE Transactions on Image Processing, 2016, 25(11): 5187-5198.

[3] 李大鹏, 禹晶, 肖创柏. 图像去雾的无参考客观质量评测方法[J]. 中国图象图形学报, 2011, 16(9): 1753-1757.

[4] Jaderberg M, Simonyan K, Vedaldi A, et al. Reading text in the wild with convolutional neural networks[J]. International Journal of Computer Vision, 2014, 116(1): 1-20.

[5] Liew S S, Khalil-Hani M, Bakhteri R. Bounded activation functions for enhanced training stability of deep neural networks on visual pattern recognition problems[J]. Neurocomputing, 2016, 216: 718-734.

[6] Krizhevsky A, Sutskever I, Hinton G E. Imagenet classification with deep convolutional neural networks[J]. Advances in Neural Information Processing System, 2012, 2: 1097-1105.

[7] He K M, Sun J, Tang X O. Single image haze removal using dark channel prior[J]. IEEE Transactions on Pattern Analysis and Machine Intelligence, 2011, 33(12): 2341-2353.

[8] Carlevaris-Bianco N, Mohan A, Eustice R M. Initial results in underwater single image dehazing[C]. OCEANS 2010 MTS/IEEE SEATTLE, Seattle, WA, 2010: 1-8.

[9] Peng Y T, Cosman P C. Underwater image restoration based on image blurriness and light absorption[J]. IEEE Transactions on Image Processing, 2017, 26(4): 1579-1594.

[10] Tang K, Yang J, Wang J. Investigating haze-relevant features in a learning framework for image dehazing[C]. Proceedings of IEEE Conference on Computer Vision and Pattern Recognition, 2014: 2995-3000.

[11] Szegedy C, Liu W, Jia Y, et al. Going deeper with convolutions[C]. Proceedings of IEEE Conference on Computer Vision and Pattern Recognition(CVPR). IEEE, 2015: 1-9.

[12] Hu J, Shen L, Sun G. Squeeze-and-excitation networks[C]. Proceedings of IEEE Conference on Computer Vision and Pattern Recognition, 2018: 7132-7141.

[13] He K M, Sun J, Tang X O. Guided image filtering[J]. IEEE transactions on Pattern Analysis and Machine Intelligence, 2013, 35(6): 1397-1409.

[14] Drews P L J, Nascimento E R, Botelho S S C, et al. Underwater depth estimation and image restoration based on single images[J]. IEEE Computer Graphics and Applications, 2016, 36(2): 24-35.

第9章 基于结构相似性的水下偏振图像增强算法

9.1 引　　言

本章针对水下获取的偏振图像存在雾状模糊和颜色失真的问题，提出了一种基于结构相似性的水下偏振图像复原算法，用于提高水下多幅偏振图像的对比度、清晰度和色彩分布。首先，获取同一场景中具有正交偏振方向且分别具有最大和最小光强的两幅水下偏振图像；然后，使用结构相似性来描述水体透射率与目标反射光之间的统计无关性，推导求解透射率的关系式；再遍历每个像素点，通过偏振差分图像与成像距离的相关性计算透射率的初始值，代入关系式迭代求解水体透射率；最后，将估计得到的透射率代入水下偏振成像模型得到场景目标反射光图像，对其进行颜色校正得到复原结果。在实验验证部分，选取三对水下偏振图像作为待处理对象，采用本章提出的方法与其他偏振复原方法对其进行复原。实验结果表明，本章的算法在信息熵、对比度、灰度平均梯度等评价指标上都优于其他两种常用的偏振图像复原算法，复原效果有较大的提升，有效地解决了水下偏振图像存在的对比度低、细节模糊和颜色失真的问题。对实验数据的主客观分析表明，本章算法能有效地对水下偏振图像进行复原，并且得到场景细节清晰和色彩分布正常的图像。

9.2　水下偏振成像

9.2.1　偏振成像原理

在目标成像过程中得到的目标亮度其实是目标对光的反射，不同物体对光的反射程度不同，根据菲涅尔衍射理论与布儒斯特定律，物体的反射光通常为部分偏振光，透光介质对自然光的反射光与折射光也都为偏振光。不同目标物体的解偏振特性不同，导电特性与表面粗糙程度都会影响其反射光的偏振特性。一般来说，在同等光照条件下，绝缘体的反射光偏振度比导电体目标的反射光偏振度大；光滑表面的物体反射光偏振度较粗糙表面的目标反射光的偏振度大。所以，在水下，每个物体的反射光之间都存在偏振差异，可以根据目标反射光的偏振特性来对图像进行复原。偏振光又可分为圆偏振光与线偏振光，在自然背景及目标对自然光的反射中，圆偏振光含量极少，所以在图像处理中通常只考虑线偏振光。光的偏振特性是人眼不能识别的，目前有许多特征参量可以让偏振"可视化"，例如，用琼斯矢量、斯托克斯参量、缪勒矩阵和米氏散射理论等对偏振光做定量的分析。其中，斯托克斯参量可简便地计算偏振图像的偏振度与偏振角。偏振度的含义为偏振光所占总光强的比重。

对于一个场景，要得到斯托克斯参量，需要获取该场景偏振角分别为 0°、45°、90°和 135°时的偏振图像 I_0、I_{45}、I_{90}和I_{135}，然后根据式(9-1)得到斯托克斯参量：

$$S = \begin{bmatrix} I \\ Q \\ U \\ V \end{bmatrix} = \begin{bmatrix} I_0 + I_{90} \\ I_0 - I_{90} \\ I_{45} - I_{135} \\ I_r + I_l \end{bmatrix} \tag{9-1}$$

其中，I 表示光波的总强度；Q 表示水平方向与垂直方向线偏振光的强度差；U 表示光在 45°与 135°方向上的线偏振光强度差；I_r、I_l 分别表示右旋偏振图像和左旋偏振图像；V 表示与圆偏振相关量。由于在自然界的偏振效应中，圆偏振的分量极小，通常假设$V = 0$，则偏振度 P 和偏振角 θ 可分别表示为

$$P = \frac{\sqrt{Q^2 + U^2}}{I} \tag{9-2}$$

$$\theta = \frac{1}{2} \arctan\left(\frac{U}{Q}\right) \tag{9-3}$$

在实际应用场景中，由于场景的变化(水体流动、风、光线变化等)，想要在同一时间获得同一场景的四幅偏振图像对设备的要求比较高，图像获取相对比较难。一般只使用与偏振化方向互相垂直的偏振光强度最大方向光强图像 I_{max} 与偏振光强度最小方向光强图像 I_{min}，然后通过式(9-4)得到偏振度：

$$P = \frac{I_{max} - I_{min}}{I_{max} + I_{min}} \tag{9-4}$$

其中，$P = 0$ 表示为无偏振的自然光，$0 < P < 1$ 表示为部分偏振光，$P = 1$ 表示为完全偏振光。

9.2.2 水下偏振成像模型

水下偏振成像模型如图 9-1 所示。水下偏振成像模型与水下光学成像模型相

似，但需要在镜头前面加上偏振装置，成像时将其转动，在合适的角度获取具有正交偏振方向且分别具有最大亮度和最小亮度的两幅偏振图像 $I_{\max}(x,y)$、$I_{\min}(x,y)$。则平常观察获取到的总光强图像 I_{total} 可以写为

$$I_{\text{total}}(x,y) = I_{\max}(x,y) + I_{\min}(x,y) = J(x,y)t(x,y) + B_{\infty}\left[1 - t(x,y)\right] \qquad (9\text{-}5)$$

其中，$t(x,y)$ 表示水体透射率；B_{∞} 表示全局背景光。水下复原的主要任务就是从偏振图像 $I_{\max}(x,y)$ 与 $I_{\min}(x,y)$ 中复原得到颜色正常的场景目标反射光 $J(x,y)$，即需要根据偏振图像估计全局背景光和透射率。

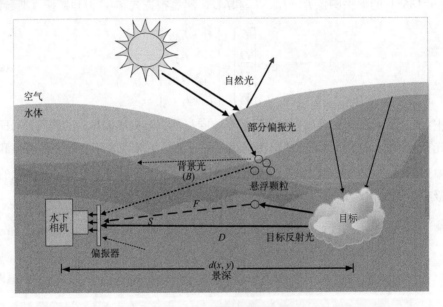

图 9-1　水下偏振成像模型

在水下，自然物体的表面都相对较粗糙，导致其对入射光的解偏振度低；再者，光在传播过程中易被水体散射和吸收。随着景物距离的不断增加，被水下偏振成像设备获取到的目标反射光越来越弱，而背景光不断累积，在设备获取的光强中的占比逐渐增大。所以，本章在偏振复原时忽略目标反射光偏振度对图像偏振状态产生的影响，认为两个正交偏振角度获取的目标反射光没有差别。则成像设备获取的图像就可以表示为

$$\begin{cases} I_{\max} = \dfrac{S}{2} + B_{\max} \\[2mm] I_{\min} = \dfrac{S}{2} + B_{\min} \end{cases} \qquad (9\text{-}6)$$

其中，$B_{\max}$ 与 $B_{\min}$ 分别表示最大和最小光强的两幅偏振图像中的背景光。水下偏振图像复原的主要任务就是背景光与透射率的估计。

9.3　基于结构相似性的水体透射率估计

由于透射率图 $t(x,y)$ 只与水体的衰减系数 c、场景深度 $d(x,y)$ 相关，而入射光的性质和目标物体的表面特性决定了目标反射光 $J(x,y)$，再结合相关文献[1,2]的推理分析，客观上可以认为透射率图 $t(x,y)$ 与 $J(x,y)$ 是相互独立、统计无关的。本章利用结构相似性 (SSIM) 来描述两者之间的这种无关性。

结构相似性是一种从亮度、对比度和结构来衡量两幅图像相似度的指标，可以直观地描述两幅图像之间的相关性。图像场景中物体的结构与照度是独立的，故图像的结构信息可以通过分离照度对物体产生的影响获取。结构相似性测量系统如图 9-2 所示，文中通过亮度与对比度表示图像的结构信息，并对场景中变化的亮度与对比度分别进行局部相似度计算，使得到的结果更加准确。

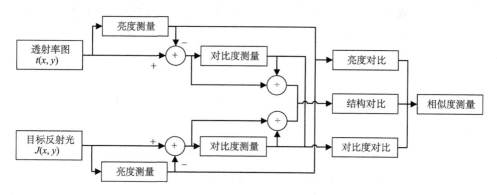

图 9-2　结构相似性测量系统

系统主要由亮度、结构和对比度三个对比单元构成。亮度对比函数 $l(t,J)$ 是两幅输入图像均值 μ_t、μ_J 的函数，定义为

$$l(t,J) = \frac{2\mu_t\mu_J + C_1}{\mu_t^2 + \mu_J^2 + C_1} \tag{9-7}$$

其中，本章所有公式和变量中的 t、J 均分别表示 $t(x,y)$ 与 $J(x,y)$；常数 C_1 的作用是避免当分母中 $\mu_t^2 + \mu_J^2$ 趋近于 0 时产生异常值，造成系统不稳定。一般取 $C_1 = (K_1 L)^2$，L 表示图像灰度级，如果一幅图像具有 8 位颜色深度，则 $L = 2^8 = 256$；$K_1 \ll 1$，一般取为 0.01。对比度对比函数为两幅图像的标准差 σ_t、σ_J 的函数，定

义为

$$c(t,J) = \frac{2\sigma_t\sigma_J + C_2}{\sigma_t^2 + \sigma_J^2 + C_2} \tag{9-8}$$

其中，常数 $C_2 = (K_2 L)^2$，且 $K_2 \ll 1$，常取值为 0.03。结构对比函数与两幅图像的协方差 σ_{tJ} 有关，定义为

$$s(t,J) = \frac{\sigma_{tJ} + C_3}{\sigma_t\sigma_J + C_3} \tag{9-9}$$

其中，常数 C_3 一般设定为 $C_3 = \dfrac{C_2}{2}$，协方差计算公式为

$$\sigma_{tJ} = \frac{1}{N-1}\sum_{i=1}^{N}(t_i - \mu_t)(J_i - \mu_J) = \mu(t \cdot J) - \mu(t) \cdot \mu(J) \tag{9-10}$$

将上述三个模块函数进行组合，得到透射率图和目标反射光的结构相似性函数为

$$\mathrm{SSIM}(t,J) = l(t,J)^\alpha c(t,J)^\beta s(t,J)^\gamma \tag{9-11}$$

其中，权重指数 $\alpha, \beta, \gamma > 0$，用于调整各个模块的权重。为了简化函数的形式，常令指数 $\alpha = \beta = \gamma = 1$，则函数可化为

$$\mathrm{SSIM}(t,J) = \frac{(2\mu_t\mu_J + C_1)(2\sigma_{tJ} + C_2)}{(\mu_t^2 + \mu_J^2 + C_1)(\sigma_t^2 + \sigma_J^2 + C_2)} \tag{9-12}$$

基于透射率图和目标反射光图像存在的不相关性，二者之间的结构相似性应为 0，即

$$\mathrm{SSIM}\big[t(x,y), J(x,y)\big] = 0 \tag{9-13}$$

将其代入式(9-12)可以得出，水体透射率 t 应满足

$$\begin{cases} 2\mu_t\mu_J + C_1 = 0 \cdots\cdots① \\ \qquad\qquad 或 \\ 2\sigma_{tJ} + C_2 = 0 \cdots\cdots② \end{cases} \tag{9-14}$$

对于一幅正常的水下彩色图像的像素灰度值，其局部或者全局的均值都应大于零，故①式不成立，所以透射率应满足

$$\sigma_{tJ} = -\frac{C_2}{2} \tag{9-15}$$

根据式(9-5)，透射率图与目标反射光图像可分别表示为

$$t(x,y) = 1 - \frac{B(x,y)}{B_\infty} \tag{9-16}$$

$$J(x,y) = \frac{I_{\text{total}}(x,y) - B_\infty}{t(x,y)} + B_\infty \qquad (9\text{-}17)$$

代入式(9-15)，并根据均值的性质与协方差的计算公式，可得出水体透射率应满足

$$\mu\big[t(x,y)\big] \cdot \mu\left[\frac{1}{t(x,y)}\right] = 1 - \frac{1}{2}C_2[B_\infty - I_{\text{total}}(x,y)]^{-1} \qquad (9\text{-}18)$$

其中，全局背景光 B_∞ 可通过图像 $I_{\max}(x,y)$、$I_{\min}(x,y)$ 在相同位置的一个无场景目标的背景区域内计算均值得到，具体做法为：分别在两幅偏振图像中选取同一块无穷远处(不存在目标)的背景区域 Ω，在该区域内计算所有像素各个颜色通道的灰度平均值，并对两个均值进行求和，即

$$B_\infty = \underset{\Omega}{\text{mean}}\Big[I_{\max}^\Omega(x,y) + I_{\min}^\Omega(x,y) \Big] \qquad (9\text{-}19)$$

对于式(9-18)中未知的水下透射率图 $t(x,y)$，其是光的波长与景深的函数，距离越大，光的波长越长，该区域的透射率值就越小。由于背景光随距离的增加而加重，而目标反射光部分在两幅偏振图像中的分量相同，根据式(9-6)，两幅水下偏振图像的差分图像 $\Delta I(x,y) = I_{\max}(x,y) - I_{\min}(x,y)$ 也表示为背景光的差分，故其仍是距离的函数。所以本章采用 $\Delta I(x,y)$ 作为透射率图初始值的变化因子，将透射率图的初始值描述为

$$t_0(x,y) = \mathrm{e}^{-\varepsilon \Delta I(x,y)} \qquad (9\text{-}20)$$

其中，ε 表示水体衰减系数的预估值。水体对不同颜色的光衰减程度不一样，光线的波长越长，其传输性能越差；考虑到红、绿、蓝三种光的波长分别为 700nm、546.1nm、435.8nm，近似地取波长参数 $\lambda = (0.700, 0.546, 0.436)$，并令水体衰减系数预估值 $\varepsilon = k \cdot \lambda$，其中 k 为调整参数。对于调整参数 k，采用图像的信息熵进行最优选取，如图 9-3 所示。其中横坐标表示参数 k 值在 $(0,1)$ 变化，纵坐标为对应复原图像的信息熵。实验发现，当 k 取值为 0.25 时，复原图像拥有最大的信息熵。所以在各个颜色通道取预估值 $\varepsilon = (0.175, 0.1365, 0.109)$ 时，可得到较理想的复原结果。之后，根据上式计算透射率图的初始值 $t_0(x,y)$，并将其代入式(9-18)进行迭代求解水体透射率图。

由于在空间中图像的统计特征并不是均匀分布的，图像的失真也会因场景区域的不同而发生变化，以及在正常人眼视距内，人的视线通常只聚焦于图像的某个区域中，所以为了更符合人类视觉系统的特点，采用在局部滑动窗口内计算 SSIM 指数的方法来估计透射率图。每个像素的迭代计算处理过程均在不同的局

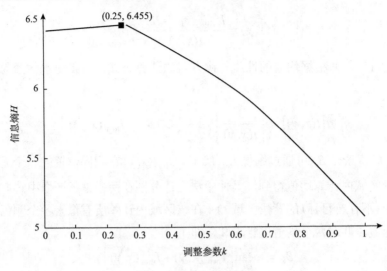

图 9-3　最佳 k 值的选取

部窗口内完成。首先定义一个大小为 $n \times n$ ，以对称高斯加权函数 $W = \{\omega_i \,|\, i = 1, 2, \cdots, N\}$ 为权重的加权窗口，窗口内透射率初始值的局部均值可由式(9-21)计算：

$$\mu\big[t_0(x, y)\big] = \sum_{i=1}^{N} \omega_i t_0(i) \tag{9-21}$$

其中，N 表示窗口内像素总个数；ω_i 表示窗口中第 i 个像素对应的权重；$\sum\limits_{i=1}^{N} \omega_i = 1$。

用高斯加权窗口逐个像素遍历整幅透射率初始值图像，对于图像 $t_0(x, y)$ 的每个像素点，用公式(9-21)在窗口内计算 $\mu\big[t_0(x, y)\big], \mu\left[\dfrac{1}{t_0(x, y)}\right]$，并与 $I_{\text{total}}(x, y)$ 相同像素位置的值一并代入式(9-18)中验证。如果等式左右两边的误差较小，则取当前值为水体透射率图 $t(x, y)$ 在该像素点的值；当取 $0.1 \leqslant t(x, y) \leqslant 1$ 时，在局部窗口中，$\mu\big[t_0(x, y)\big] \cdot \mu\left[\dfrac{1}{t_0(x, y)}\right]$ 在 $t_0(x, y) \in (0.1, 1)$ 内是单调递减的；所以如果式(9-18)左边较大，则将 t_0 以一定步长从当前值向下至 0.1 遍历；如果等式右边较大，则将 t_0 从当前值以一定步长向上至 1 遍历；并重新计算两个均值，代入式(9-18)进行比较，直到等式左右两边的误差在允许范围内。若在透射率的循环遍历中不存在使得式(9-18)成立的 $t_0(x, y)$，则令

$$t(x,y) = \underset{0.1 \leqslant t_0(x,y) \leqslant 1}{\arg\min} \left| \mu[t_0(x,y)] \cdot \mu\left[\frac{1}{t_0(x,y)}\right] + \frac{1}{2}C_2[B_\infty - I_{\text{total}}(x,y)]^{-1} - 1 \right| \quad (9\text{-}22)$$

也即取令上式达到最小值的 $t_0(x,y)$ 作为该点的透射率。在遍历完图像所有像素点后，使用 $t(x,y)$ 全局的 SSIM 指数对式(9-18)进行验证，若等式左右两边的差值在一定误差范围内，则输出得到透射率；否则令 $t_0(x,y) = t(x,y)$，重复上述步骤，重新遍历图像。

9.4　图　像　复　原

在得到了精确的透射率图 $t(x,y)$ 后，通过水下偏振成像模型得到目标反射光图像为

$$J(x,y) = \frac{[I_{\max}(x,y) + I_{\min}(x,y)] - B_\infty}{t(x,y)} + B_\infty \quad (9\text{-}23)$$

式(9-23)不计算背景光，减少了在数据处理中因像素值超出范围产生的图像噪声。最后对目标反射光进行颜色校正得到复原图像，本章采用的算法与第 2 章一致，通过单点白平衡方法对目标反射光进行颜色校正，对图像中颜色分量过大的通道进行抑制，而增强相对较小的分量，使复原图像的颜色更加接近场景原有的色彩。本章整体算法描述如下。

步骤 1　根据式(9-20)，使用两幅偏振图像差分图像 $\Delta I(x,y)$ 计算水体透射率图的初始值 $t_0(x,y)$。

步骤 2　水体透射率估计。对于总光强图像 $I_{\text{total}}(x,y)$ 中的每个像素点：

(1)计算透射率初始值中对应像素在高斯加权窗口内的均值 $\mu[t_0(x,y)]$、$\mu\left[\dfrac{1}{t_0(x,y)}\right]$；

(2)将两均值代入式(9-18)，验证是否近似相等：若 $\left| \mu[t_0(x,y)] \cdot \mu\left[\dfrac{1}{t_0(x,y)}\right] \right.$ $\left. - \left\{ 1 - \dfrac{1}{2}C_2[B_\infty - I_{\text{total}}(x,y)]^{-1} \right\} \right| \leqslant 0.05$，则令 $t(x,y) = t_0(x,y)$，滑动窗口移至下一像素；否则，若 $\mu[t_0(x,y)] \cdot \mu\left[\dfrac{1}{t_0(x,y)}\right] > 1 - \dfrac{1}{2}C_2[B_\infty - I_{\text{total}}(x,y)]^{-1}$，则以 0.01 为步长遍历 $t_0(x,y)$ 至 1，重复第(1)步；否则，若 $\mu[t_0(x,y)] \cdot \mu\left[\dfrac{1}{t_0(x,y)}\right]$

$< 1 - \dfrac{1}{2} C_2 \left[B_\infty - I_{\text{total}}(x,y) \right]^{-1}$，则以 0.01 为步长遍历 $t_0(x,y)$ 至 0.1，重复第(1)步；否

则，令 $t(x,y) = \underset{0.1 \leqslant t_0(x,y) \leqslant 1}{\arg\min} \left| \mu\left[t_0(x,y) \right] \cdot \mu\left[\dfrac{1}{t_0(x,y)} \right] + \dfrac{1}{2} C_2 \left[B_\infty - I_{\text{total}}(x,y) \right]^{-1} - 1 \right|$，即当

$t_0(x,y) \geqslant 1$ 或 $t_0(x,y) \leqslant 0$ 时，取令上式达到最小值的 $t_0(x,y)$ 为输出，滑动窗口移
至下一像素。

步骤 3 使用估计的水体透射率计算 SSIM 指数，验证式(9-18)，若等式左右
两边偏差大于 0.05，则令初始值 $t_0(x,y) = t(x,y)$，重复步骤 2。

步骤 4 根据式(9-23)计算目标反射光图像。

步骤 5 对目标反射光进行颜色校正得到复原图像。

9.5 实验结果与对比分析

9.5.1 实验结果

为了验证本章提出的图像复原算法的有效性，选择多组存在雾状模糊和颜色
失真的水下偏振图像进行复原实验，原图如图 9-4～图 9-6(a)、(b)所示，图像取
自于文献[3,4]。实验中计算 SSIM 指数使用的高斯加权窗口大小为 11×11，通过
Matlab 软件平台在配置有 Windows 7 操作系统、2.3GHz Intel i3 CPU 的计算机上
运行。

获取原图

(a) $I_{\max}$ (b) $I_{\min}$ (c) YY 算法   (d) Huang 算法   (e) 本章算法

图 9-4 水下珊瑚偏振图像复原实验结果对比

获取原图

(a) $I_{\max}$ (b) $I_{\min}$ (c) YY 算法   (d) Huang 算法   (e) 本章算法

图 9-5 海底水草偏振图像复原实验结果对比

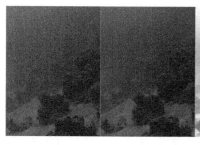

獲取原图

| (a) I_{max} | (b) I_{min} | (c) YY 算法 | (d) Huang 算法 | (e) 本章算法 |

图 9-6　红海浅海偏振图像复原实验结果对比

图 9-4～图 9-6 中(a)、(b)为分别具有最大、最小光强的水下偏振图像，两幅图像的偏振化方向互相垂直；三对图像细节都较不明显，水体浑浊不清；这些图像中类似雾状的模糊，主要都是由水中微粒对光的后向散射形成的背景光造成的。图 9-4～图 9-6 中图(c)为文献[3]中算法的复原结果，可以看出 YY 算法在一定程度上去除了原图像存在的模糊，颜色也得到较好的恢复，但是远处景物的细节还较不清晰，在一些较亮的区域存在过饱和现象，使得图像整体偏亮偏白。图 9-4～图 9-6 中图(d)为文献[5]中的偏振图像复原结果，主观上，Huang 算法复原的图像清晰度都有提高，但总体偏暗，这主要是由于该算法在复原中考虑了目标反射光偏振的影响，而对目标反射光偏振度的估计不精确导致算法性能较差。图 9-4～图 9-6 中图(e)为本章算法的实验结果，在视觉效果上，本章算法的图像复原结果要优于前面两种，在对比度、清晰度和色彩恢复上都有很大的改善。总体来说，YY 算法的增强效果有些过度，场景整体偏白，主要是因为该算法在背景光和透射率的估算上不够精确，而 Huang 算法在色彩还原和亮度上都略显不足。本章算法的实验结果在颜色分布、清晰度和对比度上比较符合正常视觉体验，但远处景物的对比度还有待提高。

9.5.2　算法性能分析

本章使用一些量化指标对实验结果进行客观评价来进一步说明复原效果，包括信息熵 H、对比度 $C^{[3]}$、峰值信噪比 PSNR、增强量(enhancement measure evaluation，EME)[5]、灰度平均梯度 GMG 以及程序运行时间 T 来评估三种偏振复原算法，数据比较结果如表 9-1 所示。从对比中可以看出，本章提出的复原算法在 C、H、GMG 及 EME 等指标上均优于 YY 算法与 Huang 算法，并有较大程度的提高。其中，对比度与灰度平均梯度都较 YY 算法提升了大约一倍；本章算法的信息熵高说明图像色彩分布均匀，图像信息含量丰富；而突出的增强量也证明本章算法复原得到的图像对比度高、纹理清晰，图像复原效果较好。

表 9-1　实验结果参数对比

图像	性能指标	YY 算法	Huang 算法	本章算法
图 9-4	C	0.13	0.14	0.32
	H	6.87	6.84	7.45
	GMG	0.012	0.016	0.031
	PSNR/dB	28.9	39.52	28.33
	EME	1.95	2.40	6.51
	T/s	2.97	314.84	6.20
图 9-5	C	0.18	0.17	0.27
	H	7.44	7.25	7.66
	GMG	0.010	0.025	0.028
	PSNR/dB	25.29	28.48	25.75
	EME	1.87	9.61	9.98
	T/s	2.45	186.43	5.66
图 9-6	C	0.20	0.27	0.32
	H	15.11	19.09	15.44
	GMG	0.010	0.014	0.025
	PSNR/dB	6.61	18.87	10.64
	EME	1.92	2.79	5.40
	T/s	9.35	629.18	8.87

　　Huang 算法得到的图像 PSNR 较 YY 算法和本章算法很高，但主观效果并不理想，这是由于该算法没有修复图像的某些颜色通道，色彩分布范围较窄，导致其与原图在该通道都具有较低且波动不大的数值，所以其复原得到的结果均方误差小，计算出的峰值信噪比偏大。且峰值信噪比的计算中并未将人眼视觉系统的特性(人眼对低频部分的变化差异具有较高敏感度、对色度变化差异的敏感度低于亮度，以及人眼对一个区域的感知结果会受到周围邻近区域的影响等)加入考虑，故经常出现在复原效果的评估上，人的主观体验与参数评价结果不一致的情况。在算法的运行时间上，由于 Huang 算法和本章算法都含有参数循环遍历的过程，

算法的运行时间相对较长。Huang 算法对三个参数进行穷举遍历以得到最优值，虽然对遍历过程进行了优化，但对于一幅尺寸较大图像，搜索时间仍然较长。从数据的客观分析中可以看出，本章算法在复原效果上有很大程度的提升，总体相比之下，本章算法的复原效果最优。

本章算法从目标反射光和水体透射率之间的相互独立性出发，通过结构相似性的定义合理地推演出水体透射率的求解公式，定量准确地估计水体透射率。本章算法与其他偏振复原方法不同，不通过直接求取偏振度计算透射率，而利用最大和最小光强图像的偏振差分图像结合 SSIM 间接地计算水体透射率，避免了使用偏振差分图像对图像偏振度的估计不准确导致复原方法失效的问题，且减少了矩阵处理过程中产生的噪声。相比于 YY 算法和 Huang 算法，本章算法得到的复原图像具有对比度较高、各项指标良好、色彩较均衡的优势。但本章算法对获取的两幅偏振图像要求较高，需极化方向正交且分别具有最小、最大光强，否则图像差分过程中容易出现负值，产生噪声。算法含有对参数迭代遍历的过程，运行时间较长，算法细节有待优化改善。

9.6　本章小结

本章基于水下偏振成像模型的深入分析，结合图像的偏振特性，提出了一种基于结构相似性的水下偏振图像复原算法。算法根据目标反射光与水体透射率之间的不相关性，使用两幅水下偏振图像差分来描述透射率初始值，并通过结构相似性的关系式估计出水体透射率图，再根据水下偏振成像模型得到目标反射光，去除了水下偏振图像原有的细节模糊。最后将目标反射光进行颜色校正处理得到复原图像，解决了颜色失真的问题。各算法的对比实验结果表明，本章算法能够很大程度地提高水下偏振图像的对比度和清晰度，有效地恢复水下图像的色彩，证明了算法的有效性。相比于 YY 算法和 Huang 算法，本章算法能够更大程度地改善水下偏振图像的质量，为水下目标的清晰化和目标识别分析提供了重要的基础。

参 考 文 献

[1] Fattal R. Single image dehazing[J]. ACM Transactions on Graphics, 2008, 27(3): 72.

[2] Treibitz T, Schechner Y Y. Active polarization descattering[J]. IEEE Transactions on Pattern Analysis and Machine Intelligence, 2009, 31(3): 385-399.

[3] Schechner Y Y, Karpel N. Recovery of underwater visibility and structure by polarization

analysis[J]. IEEE Journal of Oceanic Engineering, 2005, 30(3): 570-587.

[4] Cronin T W, Marshall J. Patterns and properties of polarized light in air and water[J]. Philosophical Transactions of the Royal Society B: Biological Sciences, 2011, 366(1565): 619-626.

[5] Huang B, Liu T, Hu H, et al. Underwater image recovery considering polarization effects of objects[J]. Optics Express, 2016, 24(9): 9826-9838.

第10章　基于暗通道理论的水下偏振图像复原算法

10.1　引　言

本章在第 8、第 9 章的算法研究、理论分析和实验仿真的基础上，针对水下偏振图像的特点，结合暗通道理论与图像的偏振特性，提出了一种基于暗通道理论的水下偏振图像复原方法，主要解决基于暗通道的单幅图像去雾在水下环境能力有限，以及传统偏振去雾方法容易引起噪声的问题。算法主要包括暗通道去雾和目标反射光偏振复原两部分。本章的实验结果表明，通过暗通道与偏振特性相结合的复原方法，得到的图像细节更加清晰，显著地改善了图像的清晰度、对比度和色彩分布。

10.2　偏振图像去模糊

本节与第 3 章类似，第一步要获取两张偏振方向互相垂直的并分别具有最大和最小光强的水下偏振图像。其次参考第 6 章提出的基于暗通道的水下图像增强算法和一些经验参数，进行单幅偏振图像的去雾。

10.2.1　透射率估计

针对两幅偏振图像的 $I_{\max}$、$I_{\min}$，根据暗通道理论，得到其二维透射率为

$$\begin{cases} t_{0\max}(x) = \text{Filter}\left(1 - \min_{\lambda \in \{\text{R,G,B}\}}\left\{\dfrac{\min\limits_{i \in \Omega(x)}[I_{\max}(i)]}{B_{\lambda,\infty}^{\max}}\right\}\right) \\[4mm] t_{0\min}(x) = \text{Filter}\left(1 - \min_{\lambda \in \{\text{R,G,B}\}}\left\{\dfrac{\min\limits_{i \in \Omega(x)}[I_{\min}(i)]}{B_{\lambda,\infty}^{\min}}\right\}\right) \end{cases} \tag{10-1}$$

其中，$\Omega(x)$ 表示计算最小值的邻域；$B_{\lambda,\infty}^{\max}$、$B_{\lambda,\infty}^{\min}$ 表示各个通道的全局背景光，Filter() 表示指导性滤波函数；$t_{0\max}(x)$、$t_{0\min}(x)$ 表示两幅偏振图像经过指导性滤波细化处理后的精细二维透射率。因为在水下，水体对 R、G、B 每个颜色光的吸收程度不同，只有把二维的透射率扩展为三维的水体透射率，才能准确地复原

图像。一般在水下环境中，光的衰减程度随着波长的增大而增大。对于 RGB 图像，红光的波长最长，导致它的传输性能最差，透射率最小；所以在各通道中其像素值通常是最小的，因为暗通道是在邻域内取三个通道的最小值，所以可将 $t_0(x)$（$t_{0\max}(x)$ 或 $t_{0\min}(x)$）表示为 R 通道的透射率，即

$$t_R(x) = t_0(x) \tag{10-2}$$

研究表明，水体对 RGB 三色光的吸收系数与其波长有关，但是这种规律不明显，使用与光波长相关的函数难以表示系数的变化规律。但是在海水中，波长的变化对水体散射系数的影响较小，可近似认为与波长是线性关系。根据文献[1]，散射系数与波长的关系是通过对不同水域中采集到的多组不同波长处的散射系数数据进行最小二乘回归分析得到的，在常见的水体中，散射系数随波长的变化可由线性关系式表示：

$$b_\lambda = (-0.00113\lambda + 1.62517)b_0 \tag{10-3}$$

其中，b_0 表示参考散射系数。因为文中只求取不同波长的光散射系数的比值，所以 b_0 并不用计算。根据 CIE 1931 RGB 色度系统，将红绿蓝光的波长分别选取为 700nm、546.1nm 和 435.8nm。因为对于单幅水下图像，无穷远处的背景光与衰减系数成反比，而与散射系数成正比，即

$$B_{\lambda,\infty} \propto \frac{b_\lambda \cos^3\theta}{c_\lambda} \tag{10-4}$$

其中，θ 表示成像角。所以可得到 G、B 通道对 R 通道的衰减系数比分别为

$$\frac{c_G}{c_R} = \frac{B_{R,\infty} b_G}{B_{G,\infty} b_R} \tag{10-5}$$

$$\frac{c_B}{c_R} = \frac{B_{R,\infty} b_B}{B_{B,\infty} b_R} \tag{10-6}$$

其中，$B_{\lambda,\infty}$（$\lambda = $ R,G,B）表示各个颜色通道无穷远处的背景光；$\dfrac{c_G}{c_R}$、$\dfrac{c_B}{c_R}$ 分别表示绿-红、蓝-红衰减系数比，且由于水中蓝绿光比红光衰减弱，所以两个比值都小于 1。根据 R 通道的透射率 $t_R(x)$ 和绿-红、蓝-红衰减系数比，G 通道、B 通道的透射率可分别表示为

$$t_G(x) = [t_R(x)]^{\frac{c_G}{c_R}} \tag{10-7}$$

$$t_B(x) = [t_R(x)]^{\frac{c_B}{c_R}} \tag{10-8}$$

对于上述关系式中无穷远处的背景光 $B_{\lambda,\infty}$ 的计算,可参考本书 6.2 节。在没有人造物的自然场景下,一般可以将图像中没有目标的点作为无穷远处背景光所在的像素点。因为暗通道中最亮的点,即距离成像点最远的点,是模糊最严重的点,在暗通道中选取前 0.1%最亮的像素点,然后在原图像中找到这些点。由于在自然光下,如果初始光照强度近似相等,那么在水中传输越远的距离,红光与蓝绿光之间的像素值差值就越大。因此,可以将具有最大蓝-红或绿-红差值的像素点作为无穷远处背景光 $B_{\lambda,\infty}$ 所在的点,即

$$B_{\lambda,\infty} = \underset{I(x)\in\Omega_t}{\arg\max}\left\{\max\left[I_G(x)-I_R(x),I_B(x)-I_R(x)\right]\right\} \tag{10-9}$$

其中,Ω_t 表示暗通道中前 0.1%最亮点的集合,$I_R(x)$、$I_G(x)$、$I_B(x)$ 表示图像 $I(x)$ 的 R、G 和 B 通道。使用该方法可以确保选取的点具有最大的像素值且是无穷远处的像素点。

在计算出各个颜色通道的透射率后,将其组合可得到两幅水下偏振图像的三维透射率和无穷远处背景光,分别为

$$\begin{cases} t_{\max}(x,y) = \text{cat}\left[t_{R\max}(x),t_{G\max}(x),t_{B\max}(x)\right] \\ t_{\min}(x,y) = \text{cat}\left[t_{R\min}(x),t_{G\min}(x),t_{B\min}(x)\right] \\ B_{\infty}^{\max} = (B_{R,\infty}^{\max},B_{G,\infty}^{\max},B_{B,\infty}^{\max}) \\ B_{\infty}^{\min} = (B_{R,\infty}^{\min},B_{G,\infty}^{\min},B_{B,\infty}^{\min}) \end{cases} \tag{10-10}$$

其中,cat() 表示组合函数,将三幅二维透射率图组合成 RGB 图;$t_{\lambda\max}$、$t_{\lambda\min}$ 分别表示为两幅偏振图像对应 λ 颜色通道的透射率。原图和透射率图如图 10-1 所示。

10.2.2　目标偏振反射光恢复

利用 10.2.1 节估计得到的水体透射率图与无穷远处背景光,总光强图像 $I(x,y)$ 可以表示为

$$I(x,y) = J(x,y)t(x,y)+B_{\infty}\left[1-t(x,y)\right] \tag{10-11}$$

可以从两幅偏振图像中得到恢复的目标反射光为

(a) $I_{\max}$　　　　　　　　　　(b) $I_{\min}$

(b) $t_{\max}(x, y)$　　　　　　　　(d) $t_{\min}(x, y)$

图 10-1　　透射率图估计

$$\begin{cases} J_{\max}(x, y) = \dfrac{I_{\max}(x, y) - B_{\infty}^{\max}}{t_{\max}(x, y)} + B_{\infty}^{\max} \\[3mm] J_{\min}(x, y) = \dfrac{I_{\min}(x, y) - B_{\infty}^{\min}}{t_{\min}(x, y)} + B_{\infty}^{\min} \end{cases} \qquad (10\text{-}12)$$

其中，$J_{\max}(x, y)$ 和 $J_{\min}(x, y)$ 表示从偏振图像 $I_{\max}(x, y)$ 和 $I_{\min}(x, y)$ 中直接恢复得到的目标反射光，是经过偏振器处理后的图像。要得到目标原有的辐射，需要对两幅图像进行去偏振处理，得到目标原始的反射光。图 10-2 即为对偏振图像进行去模糊后的实验结果。可以看出，图像中雾状的模糊被有效地去除，细节跟对比度都有很大的提升。

图 10-2　偏振图像去模糊

10.3　目标反射光的偏振复原

10.3.1　光的偏振状态

根据相关的光学理论[2]可知，光是一种横波且具有电场强度矢量的一切性质。所以光矢量的振动方向总垂直于光的传播方向。光的传播方向和光矢量振动方向所构成的平面称为振动面，如图 10-3 所示。在光的传播方向所在的周围三维空间内，每个振动面都可能有各自不同的振动状态，即光的偏振状态。一般来说，自然光源发射出的光波，它们的光矢量的振动虽然垂直于光的传播方向，但是振动方向是无规则的，在概率统计上，可以认为光矢量均等地分布于空间所有方向。它们的光矢量总和对称于光的传播方向，具有均匀分布、轴对称性及各方向上振幅相同的特点，这种没有特别振动方向的光称为自然光，可以看出自然光是非偏振光。若光矢量的振动方向是固定的或按一定的规律变化，则称为偏振光。

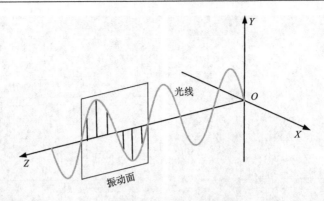

图 10-3　光矢量与振动面

　　偏振光根据振动状态可细分为线偏振光、部分偏振光、圆偏振光和椭圆偏振光。线偏振光的振动方向只在垂直于传播方向的确定振动面内，其光矢量的轨迹投影在 XY 平面内是一条直线。圆偏振光的振动方向随着时间围绕光的传播方向均匀旋转，大小保持不变，其光矢量的对应投影是圆形；若光矢量的振动方向和大小都按照一定的规律变化，投影成椭圆形，则为椭圆偏振光。部分偏振光的光矢量的振动方向在传播过程中只在某一方向上占有较大的优势，自然界大部分的偏振光都属于部分偏振光。

　　虽然人眼无法察觉光的偏振状态，但是偏振光却存在于自然界的各个角落。根据相关定律，透光介质分界面对光的反射或者折射都属于光的偏振，不透光的物体的表面对光的反射、入射所形成的光线也是偏振光。例如，晴天所看到的景象，其实是景物反射太阳光及空气中的分子、悬浮颗粒散射太阳光所形成的偏振光。水下环境中，水分子和悬浮颗粒对光的散射和目标物体表面对光的反射是偏振光的两个主要来源。布儒斯特定律指出，自然光在电介质交界面上发生反射和折射时，反射光和折射光通常是部分偏振光，如图 10-4(a) 所示；只有当入射角为布儒斯特角时，反射光是振动方向垂直于入射面的线偏振光。自然光从空气折射进入水中已经是振动方向平行于入射面占优的部分偏振光，水中也很少有圆偏振光的存在，所以除水下人造光源外，在水体中传播的光线几乎都是部分偏振光，但是拥有不同的偏振状态。部分偏振光可以看作自然光与线偏振光的叠加，如图 10-4(b) 右上角所示。

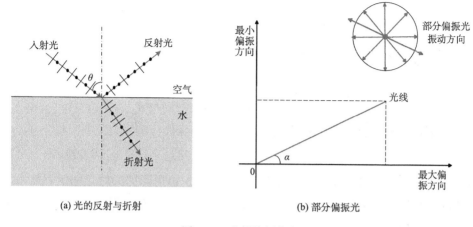

图 10-4　光的偏振状态

10.3.2　偏振复原

实验中使用的两幅正交的偏振图像就是通过在镜头前加装振动方向互相垂直的偏振镜拍摄的。根据马吕斯定律，光照强度为 I_{in} 的偏振光，通过偏振镜后透射光强 I_{out} 变为

$$I_{out} = I_{in} \cos^2 \alpha \tag{10-13}$$

其中，α 表示入射光的振动方向与偏振镜的偏振方向的夹角。所以根据图10-4(b)，假设偏振图像 $I_{max}(x,y)$ 和 $I_{min}(x,y)$ 每个像素点与原有图像 $I_{total}(x,y)$ 相应像素点之间的关系满足

$$\begin{cases} I_{max}(x,y) = I_{total}(x,y)\cos^2 \alpha \\ I_{min}(x,y) = I_{total}(x,y)\sin^2 \alpha \end{cases} \tag{10-14}$$

因为目标反射光的偏振特性蕴含于偏振图像中，具有与偏振图像相同的偏振特性，所以令复原后的目标反射光为

$$J(x,y) = k_1 \frac{J_{max}(x,y)}{\cos^2 \alpha} + k_2 \frac{J_{min}(x,y)}{\sin^2 \alpha} \tag{10-15}$$

其中，$\cos^2 \alpha$、$\sin^2 \alpha$ 可由式 (10-13) 获得；$0.1 \leqslant \{k_1, k_2\} < 1$ 是权重系数，且 $k_1 + k_2 \leqslant 1$。因为原图像中含有背景光，且目标反射光是部分偏振光，α 是多种光线振动方向融合后的偏振角，使用 k_1, k_2 来调整比重，可以更加精确地复原得到目标反射光。在实验中使用从 0.1 开始，以 0.05 为步长遍历 k_1, k_2 的方法，使用增强量 (EME) 作为评价指标，将具有最大 EME 的图像作为输出图像，即

$$J(x,y) = \underset{0.1 \leqslant \{k_1, k_2\} < 1}{\arg\max} \ \text{EME}\left[k_1 \frac{J_{\max}(x,y)}{\cos^2\alpha} + k_2 \frac{J_{\min}(x,y)}{\sin^2\alpha} \right] \tag{10-16}$$

其中，图像 EME 的计算公式为

$$\text{EME} = \left| \frac{1}{n_1 n_2} \right| \sum_{l=1}^{n_1} \sum_{j=1}^{n_2} 20\ln \frac{i_{\max;j,l}^{\omega}(x,y)}{i_{\min;j,l}^{\omega}(x,y) + q} \tag{10-17}$$

其中，图像被分成 $n_1 \times n_2$ 块，每小块都有一个二维坐标 (j,l) 与之对应；$i_{\max;j,l}^{\omega}(x,y)$ 与 $i_{\min;j,l}^{\omega}(x,y)$ 表示位于坐标 (j,l) 的块 ω 的最大值与最小值；$q = 0.0001$ 为一个常数，作用是防止分母出现等于 0 的情况。图 10-5(a) 所示即为对目标反射光偏振复原的实验结果。可以看出，复原效果显著，但是在颜色和远处景物对比度上需要进一步处理。

(a) 偏振复原　　　　　　　　　　　　　(b) ACE 及颜色校正

图 10-5　偏振复原和算法结果

10.4　自适应对比度增强与颜色校正

自适应对比度增强(ACE)的方法在第 6 章已经有详细的介绍，这里还是使用与距离相关的透射率作为放大系数，即

$$G(x,y) = K \cdot m_D \cdot t_{\text{total}}(x,y) \tag{10-18}$$

式中，K 是常数，取 2 或 3；m_D 表示图像全局平均值。$t_{\text{total}}(x,y)$ 可使用图像 $I_{\text{total}}(x,y)$ 通过 10.2.1 节所讲述的方法计算得到。通过 ACE 后的目标辐射图像为

$$D_{\text{ACE}}(x,y) = D(x,y) + K \cdot m_D \cdot t_{\text{total}}^{-1}(x,y)[D(x,y) - D_{\text{low}}(x,y)] \qquad (10\text{-}19)$$

式中，$D_{\text{low}}(x,y)$ 表示图像的低频成分。

上述所有步骤都集中于对图像细节和图像模糊的处理，导致图像在处理过程中产生了一些颜色失真。因为增强后的目标反射光图像中存在足够丰富的色彩，本章与第 8、第 9 章所用的颜色校正方法不同，使用灰度世界法[3]来对图像进行颜色恢复。

人眼的视觉具有颜色恒常性，可以在光照不断变化的环境和各种成像条件下识别物体表面的颜色特性，但成像设备却不具备这种调节功能。光在水下传播，水体对不同波长的光的吸收程度不同，而不同水质的水对光线的吸收能力也有差异，导致水下采集的原图像所呈现的颜色与物体真实颜色之间存在偏差，所以需要选取合适的颜色校正算法，去除光照环境的变化对颜色分布的影响。

根据 von Kries 色适应理论，两种不同光照条件下同一场景表面颜色之间存在变换关系，这种关系可以用一个对角矩阵变换来描述。该理论提出，对于同一个观察者，如果一个物体在光照 $E_1(\lambda)$ 下的 RGB 亮度值为 (R_1,G_1,B_1)，在光照 $E_2(\lambda)$ 下的 RGB 亮度值为 (R_2,G_2,B_2)，则这两个亮度值之间的转换关系为

$$\begin{bmatrix} R_2 \\ G_2 \\ B_2 \end{bmatrix} = \begin{bmatrix} k_R & 0 & 0 \\ 0 & k_G & 0 \\ 0 & 0 & k_B \end{bmatrix} \times \begin{bmatrix} R_1 \\ G_1 \\ B_1 \end{bmatrix} \qquad (10\text{-}20)$$

其中，k_R、k_G、k_B 分别表示 R、G、B 三个颜色通道的校正系数。通过改变校正系数可以实现不同光源之间的亮度转换。

灰度世界颜色校正算法的基础是灰度世界假设，认为对于一幅拥有丰富色彩变化的图像，其 R、G、B 三个颜色分量的灰度平均值应趋于同一个灰度值 $\overline{\text{Gray}}$。从该方法的物理意义上分析，灰度世界法假设自然界中的景物对于各种波长的光线反射的平均值在总体上是相同的，这个值近似为"灰色"。灰度世界法将该假设应用于存在颜色失真的图像，可以从待处理的图像中消除环境光产生的影响，获得原始场景颜色[3]。对于灰度 $\overline{\text{Gray}}$ 的选取，常用的有两种方法：一种是将它取为固定值，一般是取各个颜色通道最大值的一半，对于 8 位颜色深度的图像即为 127；另一种是根据待处理图像的不同，首先计算图像三个颜色通道的像素平均值，然后再计算三个值的平均值，即

$$\overline{\text{Gray}} = \frac{m_R + m_G + m_B}{3} \tag{10-21}$$

其中，m_R、m_G、m_B 分别表示 R、G、B 三个通道的像素平均值。在计算出灰度后，R、G、B 通道的校正系数可以通过式 (10-22) 计算。

$$k_R = \frac{\overline{\text{Gray}}}{m_R}, \quad k_G = \frac{\overline{\text{Gray}}}{m_G}, \quad k_B = \frac{\overline{\text{Gray}}}{m_B} \tag{10-22}$$

根据 von Kries 色适应理论，对于图像 $D_{ACE}(x,y)$ 中的三个颜色通道的每个像素都进行归一化处理，得到颜色校正后的图像为

$$D_c^\lambda(x,y) = k_\lambda D_{ACE}^\lambda(x,y) \tag{10-23}$$

其中，$\lambda \in \{R,G,B\}$。灰度世界法简单快速，适用于颜色丰富的水下场景。颜色恢复结果如图 10-5(b) 所示，可以看出该方法有效地解决了图像存在的颜色失真的问题，使得复原结果更加接近场景原有色彩。

10.5　实验结果与对比分析

10.5.1　实验结果

为了验证本章算法的有效性，选择三组水下偏振图像进行复原实验，并与原图、MSRCR 算法[4]、Huang 算法[5] 以及第 6 章(改进暗通道)算法、第 9 章(偏振复原)算法进行对比，对比结果如图 10-6～图 10-8 所示。

获取原图

(a) 原图　　　　　　　(b) MSRCR算法　　　　　　　(c) Huang算法

(d) 改进暗通道算法　　　　　(e) 偏振复原算法　　　　　(f) 本章算法

图 10-6　水下珊瑚偏振图像复原实验结果对比

(a) 原图　　　　　　　(b) MSRCR算法　　　　　　(c) Huang算法

(d) 改进暗通道算法　　　(e) 偏振复原算法　　　　(f) 本章算法

图 10-7　海底石块偏振图像复原实验结果对比

(a) 原图　　　　　　　(b) MSRCR算法　　　　　　(c) Huang算法

(d) 改进暗通道算法　　　(e) 偏振复原算法　　　　(f) 本章算法

图 10-8　红海浅海偏振图像复原实验结果对比

获取原图

　　根据偏振成像规律，原图（总光强图像）是通过两幅偏振化方向正交的偏振图像直接相加得到的。从实验效果图中可以看出，本章算法可以有效地去除原图存在的雾状模糊，提高图像的对比度和清晰度，同时色彩分布也被有效地校正。与其他复原方法的对比也表明了该方法的有效性。MSRCR 算法虽然有效地去除了偏振总图像存在的模糊，对比度获得了很大的提升，远处景物细节明显，但是图像多处存在过饱和现象和伪光影，导致增强后的场景不协调，影响直观感受。而 Huang 算法使用遍历三个参数的方法并不能准确地估计水下景物的偏振度，实验结果整体偏暗，图像细节和噪声都被增强，场景的颜色没有得到复原。本书提出的三种算法（包括第 6、第 9 章的算法）相较于原图在清晰程度上都有很大的提升，且在对比度和颜色的复原效果上都优于其他算法；改进暗通道算法复原结果明亮清晰，但在沙子及没有目标的地方等原图中较白的区域，细节有待提高。本章算法对于远处景物和色彩展现及两幅偏振图像存在场景差异的区域的处理要优于第 6、第 9 章算法。总体来说，对于实验结果，本章算法的复原结果拥有精细的细节、恰当的对比度和合理的颜色分布，较能满足人眼的直接视觉体验。

10.5.2　算法性能分析

　　为了进一步验证本章算法相较于其他算法复原效果的提升程度，本节将从对比度 C、信息熵 H、灰度平均梯度 GMG、增强量 EME、峰值信噪比 PSNR，以及算法运行时间 T 上对所有算法进行综合的评估。对比结果如表 10-1 所示。

表 10-1　实验参数对比

图像	性能指标	原图	MSRCR 算法	Huang 算法	改进暗通道算法	偏振复原算法	本章算法
图 10-6	C	0.12	0.25	0.14	0.16	0.32	**0.37**
	H	6.72	7.59	6.84	6.99	7.45	**7.76**
	GMG	0.010	0.050	0.016	0.010	0.031	**0.051**
	EME	1.91	7.44	2.4	2.68	6.51	**8.76**
	PSNR/dB		110.23	**39.52**	21.67	28.33	33.33
	T/s		**1.44**	3110.84	2.35	6.2	10.07
图 10-7	C	0.18	0.24	0.17	0.21	0.27	**0.31**
	H	7.21	7.59	7.25	7.6	7.66	**7.73**
	GMG	0.010	**0.050**	0.025	0.023	0.028	0.030
	EME	1.94	6.03	3.61	3.13	3.98	**6.19**
	PSNR/dB		110.15	28.48	17.04	25.75	**31.54**
	T/s		**1.39**	186.43	2.87	5.66	3.65

续表

图像	性能指标	原图	MSRCR 算法	Huang 算法	改进暗通道算法	偏振复原算法	本章算法
图 10-8	C	0.21	0.25	0.27	0.27	0.26	**0.32**
	H	110.82	110.55	13.09	15.36	15.44	**17.75**
	GMG	0.010	**0.040**	0.014	0.030	0.025	0.031
	EME	1.86	10.68	2.79	5.7	5.4	**5.95**
	PSNR/dB		8.73	18.87	20.47	20.64	**35.66**
	T/s		**3.81**	629.18	5.56	8.87	7.32

表 10-1 中的数据表明，本书提出的三种图像复原算法对于偏振图像的复原在所有参数上都有很大的提升。从对比度、信息熵和增强量的对比可以看出，表中的算法都能有效改善图像，其中本章算法在各个指标上提升程度最大。MSRCR 算法过度增强、色彩过亮，导致其峰值信噪比和灰度平均梯度较异常。在算法运行时间上，本章算法涉及参数遍历过程所以较不理想。本章算法涉及三幅图像透射率的求取及细化，对比于 MSRCR 算法运行时间较长。对于颜色校正的效果，由于拍摄地点和水体的参数未知，虽然不能获取场景原有的色彩，但从主观上可以看出本章算法恢复图像颜色的效果相比于其他算法最为协调，很好地解决了原图偏蓝绿色的问题。

10.6　本章小结

本章在第 6、第 9 章的基础上提出了一种基于暗通道的水下偏振图像复原算法。首先，获取两幅正交的水下偏振图像，根据衰减系数与波长的线性关系，通过暗通道理论和原图算法，分别计算出两幅图像的透射率和存在偏振特性的目标反射光；然后，对其进行偏振复原，通过全局偏振角对目标反射光中存在的偏振光进行复原得到目标原有的辐射；最后，基于总光强图像的透射率进行自适应对比度增强，并使用灰度世界法进行颜色校正。为了验证算法的有效性，将提出的算法与 MSRCR 算法、Huang 算法及第 6、第 9 章的复原算法进行整体的对比评价。主客观分析表明，本章算法能够有效地去除偏振图像中存在的模糊，提高图像的对比度和颜色表现力，有助于水下偏振图像的后续处理。

参 考 文 献

[1]　赵欣慰. 水下成像与图像增强及相关应用研究[D]. 杭州: 浙江大学, 2015.

[2]　周明. 偏振信息在雾天图像分析中的应用研究[D]. 合肥: 合肥工业大学, 2012.

[3]　van de Weijer J, Gevers T, Gijsenij A. Edge-based color constancy[J]. IEEE Transactions on Image Processing, 2007, 16(9): 2207-2214.

[4]　Jobson D J, Rahman Z U, Woodell G A. A multiscale retinex for bridging the gap between color images and the human observation of scenes[J]. IEEE Transactions on Image Processing, 1997, 6(7): 965-976.

[5]　Huang B, Liu T, Hu H, et al. Underwater image recovery considering polarization effects of objects[J]. Optics Express, 2016, 24(9): 9826-9838.

第11章 基于色彩迁移的半全局水下图像复原算法

11.1 引　言

第9、第10章阐述的水下图像复原算法能较好地解决水下图像对比度低、边缘细节模糊等问题，但水下图像普遍还存在颜色失真的问题。光线在水中传播时，受到水介质吸收和散射的影响，光线会随着波长和水深呈指数衰减，导致获取图像时场景存在颜色失真的问题[1]。蓝光波长较短，在水中传播性能较好，红光波长较长，在水中传播性能较差，所以绝大部分水下图像的色调呈蓝色或绿色。不同波长的光在水中的传播深度与光吸收程度的关系如图11-1(a)所示，红、橙和黄色光基本会在大约5 m、10 m和20 m水深处消失，绿光会在30 m水深处逐渐消失，蓝光会在60 m水深处基本消失，超过60 m水深处，水环境中几乎没有任何光线能够射入[2]。如图11-1(b)所示，典型的水下模糊图像不仅存在对比度和清晰度较低的问题，而且还存在颜色失真的问题，图像的红色分量明显偏低。此类水下图像并不能直接适用于目标场景的识别和分类等研究，因此，水下图像颜色的补偿与校正对于水下视觉探测技术同样至关重要。

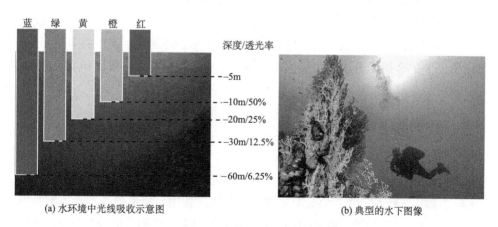

(a) 水环境中光线吸收示意图　　　　　(b) 典型的水下图像

图 11-1　水环境中光线吸收示意图和典型的水下图像

本章在深入研究水下图像颜色校正算法后，发现目前常用的颜色校正算法属于全局颜色校正方法，均是基于特定的假设和先验估计出各个颜色分量，然后将每个颜色分量除以对应的归一化光源强度实现颜色恒定。但是，此类颜色校正算法很容易在复原图像中引入额外的红色块伪影和色斑。因此本章提出了一种基于色彩迁移[3]的半全局水下图像复原算法，通过对水下图像进行局部色彩校正来改善水下图像的色彩保真度。本章将色彩迁移原理[3]作为颜色校正的预处理步骤：首先是将参考水下图像的平均值和标准偏差转移到目标图像；然后通过组合三种光线衰减水平估计方法构建水下颜色衰减水平估计模型；最后将色彩迁移后的水下图像与原始水下图像进行融合，从而获得最终的颜色校正图像，其中两幅图融合过程所用的权重对应于水下图像的颜色衰减程度。对比实验结果表明，本章颜色校正算法在基于自然场景统计的无参考图像质量评价(blind/referenceless image spatial quality evaluator，BRISQUM)[4]和水下图像质量测量(underwater image quality measures，UIQM)[5]两项指标上均优于其他对比算法，可以明显地校正图像颜色失真的问题。根据对比实验的主客观分析，实验结果显示，本章算法对水下图像的颜色校正效果较为显著。

11.2　色彩迁移算法分析

图像间的色彩迁移[3]是指利用参考图像(reference image)的色彩对原图像(source image)的色彩进行调整，使目标图像得到与参考图像色彩相似的分布。色彩迁移可以得到目标图像在不同光照和不同色彩下的多幅图像，由 11.1 节内容可知，水中图像的红色分量在 5 m 以下的水深处基本消失，所以本章选用水深较浅、颜色衰减比较弱，且光照比较充足的水下图像作为参考图像。本节将对色彩迁移算法做相关的介绍，分别从图像色彩空间模型概述、色彩迁移算法和实验结果进行分析。

11.2.1　色彩空间模型概述

色彩空间源于英文单词"color space"，所有的数字图像处理算法都是建立在一种或多种色彩空间模型上运算的。根据维度的不同，可以将色彩空间模型分成一维、二维、三维和四维，色彩空间模型都是通过使用一组数值表示具体的颜色。目前常用的色彩空间模型有 RGB 色彩空间模型、YUV 色彩空间模型、CMY 色彩空间模型和 $l\alpha\beta$ 色彩空间模型等。色彩迁移算法主要用到 RGB 色彩空间模型和 $l\alpha\beta$ 色彩空间模型[6]，因此本节将对这两种模型进行概述。

RGB 色彩空间模型用光的三原色，即红色光(R)、绿色光(G)和蓝色光(B)

组合定义数字图像的像素值，该系统是传统数字图像处理算法中最常用的色彩空间模型。RGB 色彩空间模型的色系坐标中的三个坐标轴分别对应于红色分量、绿色分量和蓝色分量，色系坐标的原点表示黑色([0,0,0])，离原点最远的点表示白色([255,255,255])，其他颜色均可由 RGB 色彩空间模型的色系坐标表示，如 [255,0,0]表示红色，[255,255,0]表示黄色。此外，其他色彩空间模型通常是以 RGB 色彩空间模型为基础建立的，其分量均可由 RGB 模型的红绿蓝分量用线性或非线性函数表示。RGB 色彩空间模型是一种非线性的色彩空间，通过表示颜色的坐标值相加来获取其他颜色，图 11-2 显示了一个 24 位的 RGB 色彩坐标系。

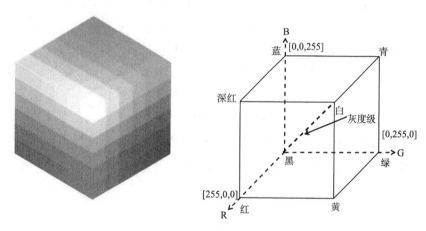

图 11-2　24 位 RGB 色彩坐标系

$l\alpha\beta$ 色彩空间模型是在 1998 年由 Ruderman 提出的，l 为亮度通道，α 为黄-蓝通道，β 为红-绿通道，与 RGB 色彩空间模型相比，$l\alpha\beta$ 色彩空间模型更贴近人的视觉感知系统。对于自然场景，$l\alpha\beta$ 色彩空间模型能将 RGB 三种颜色通道之间的相关性降到最小。常用的 RGB 色彩空间中，RGB 三通道的相关性很大，若要修改数字图像中某一像素的颜色，必须修改所有的颜色通道值，因此无法通过改变单个颜色通道值达到修改颜色的目的。而 $l\alpha\beta$ 色彩空间模型可以使许多自然场景中通道间的相关性最小，$l\alpha\beta$ 色彩空间模型是基于数据驱动人类感知研究，即假定人类的视觉系统与自然场景处理的完美匹配。$l\alpha\beta$ 色彩空间的坐标轴几乎没有相关性，可以在不同的色彩通道中应用不同的方法进行运算，且各个通道之间互不干扰[7]。

11.2.2　色彩迁移算法

色彩迁移算法[3]是基于 $l\alpha\beta$ 色彩空间的一种算法，此算法将原图像按照参考图像的色彩分布进行改变，进而得出和参考图像色彩分布一致的原图像。色彩迁移的关键步骤是颜色空间的矩阵转换，即将图像的坐标由 RGB 色彩空间转换到 $l\alpha\beta$ 色彩空间。本节的主要内容是色彩空间的矩阵变换和色彩迁移算法的介绍。

在进行色彩迁移处理时，首先将原图像和参考图像由 RGB 色彩空间转换到 $l\alpha\beta$ 色彩空间，转换过程如下所述。

由于 $l\alpha\beta$ 色彩空间是 LMS 色彩空间[8]的一种变形，所以需要把图像从 RGB 色彩空间转换到 LMS 色彩空间，然后再从 LMS 色彩空间转换到 $l\alpha\beta$ 色彩空间[7]。RGB 色彩空间到 LMS 色彩空间的转换公式如下

$$\begin{bmatrix} L \\ M \\ S \end{bmatrix} = \begin{bmatrix} 0.3811 & 0.5783 & 0.0402 \\ 0.1967 & 0.7244 & 0.0782 \\ 0.0241 & 0.1288 & 0.8444 \end{bmatrix} \begin{bmatrix} R \\ G \\ B \end{bmatrix} \tag{11-1}$$

由于数据在 LMS 色彩空间里存在很大的偏移，为了消除这些偏移，需要将图像从线性 LMS 色彩空间转换到对数 LMS 色彩空间：

$$\begin{cases} L = \ln L \\ M = \ln M \\ S = \ln S \end{cases} \tag{11-2}$$

将图像转换到 LMS 色彩空间后，再使用下面的转换公式把图像从对数 LMS 色彩空间转换到 $l\alpha\beta$ 色彩空间：

$$\begin{bmatrix} l \\ \alpha \\ \beta \end{bmatrix} = \begin{bmatrix} \dfrac{1}{\sqrt{3}} & 0 & 0 \\ 0 & \dfrac{1}{\sqrt{6}} & 0 \\ 0 & 0 & \dfrac{1}{\sqrt{2}} \end{bmatrix} \begin{bmatrix} 1 & 1 & 1 \\ 1 & 1 & -2 \\ 1 & -1 & 0 \end{bmatrix} \begin{bmatrix} L \\ M \\ S \end{bmatrix} \tag{11-3}$$

11.2.3　实验结果分析

图像在 $l\alpha\beta$ 色彩空间做完色彩迁移运算，色彩迁移算法是由 Reinhard 提出的基于参考图像标准方差的线性变换。该算法旨在使最终的目标图像有大致类似于参考图像一样的色调，这意味着需要在 $l\alpha\beta$ 色彩空间对两幅图像进行某些特征的

一致化处理，图像的均值和标准差是图像最主要也是最有效的两个特征。为此，首先在 $la\beta$ 色彩空间对原图像和参考图像分别求其对应于 l、α、β 三个通道的均值和标准差，原图像三个通道的均值和标准差表示：$\bar{l}_s$、$\bar{\alpha}_s$、$\bar{\beta}_s$，σ_s^l、σ_s^α、σ_s^β，参考图像三个通道的均值和标准差表示：$\bar{l}_r$、$\bar{\alpha}_r$、$\bar{\beta}_r$，σ_r^l、σ_r^α、σ_r^β。按照式(11-4)对原图像进行色调一致处理：

$$\begin{cases} l^* = (l_s - \bar{l}_s) \times \dfrac{\sigma_r^l}{\sigma_s^l} + \bar{l}_r \\[2mm] \alpha^* = (\alpha_s - \bar{\alpha}_s) \times \dfrac{\sigma_r^\alpha}{\sigma_s^\alpha} + \bar{\alpha}_r \\[2mm] \beta^* = (\beta_s - \bar{\beta}_s) \times \dfrac{\sigma_r^\beta}{\sigma_s^\beta} + \bar{\beta}_r \end{cases} \tag{11-4}$$

再将 l^*、α^*、β^* 从 $la\beta$ 色彩空间转换到 RGB 色彩空间，即得到和参考图像色调分布一致的目标图像。同样地，首先把图像从 $la\beta$ 色彩空间转换到对数 LMS 色彩空间：

$$\begin{bmatrix} L' \\ M' \\ S' \end{bmatrix} = \begin{bmatrix} 1 & 1 & 1 \\ 1 & 1 & -1 \\ 1 & -2 & 0 \end{bmatrix} \begin{bmatrix} \dfrac{1}{\sqrt{3}} & 0 & 0 \\ 0 & \dfrac{1}{\sqrt{6}} & 0 \\ 0 & 0 & \dfrac{1}{\sqrt{2}} \end{bmatrix} \begin{bmatrix} l^* \\ \alpha^* \\ \beta^* \end{bmatrix} \tag{11-5}$$

再将图像从对数 LMS 色彩空间转换到线性 LMS 色彩空间：

$$\begin{cases} L = 10^{L'} \\ M = 10^{M'} \\ S = 10^{S'} \end{cases} \tag{11-6}$$

然后把图像从线性 LMS 色彩空间转换到 RGB 色彩空间：

$$\begin{bmatrix} R \\ G \\ B \end{bmatrix} = \begin{bmatrix} 4.4679 & -3.5873 & 0.1193 \\ -1.2186 & 2.3809 & -0.1624 \\ 0.0497 & -0.2439 & 1.2045 \end{bmatrix} \begin{bmatrix} L \\ M \\ S \end{bmatrix} \tag{11-7}$$

　　本章采用水深较浅、光线色彩衰减较弱、水下环境光充足的清晰水下图像作为参考图像。如图 11-3 所示，本章展示了色彩迁移算法的效果图，图 11-3(a) 为两幅颜色失真程度较为严重的水下图像，图 11-3(b) 为清晰且颜色衰减较弱的水下图像。

　　如图 11-3(c)所示，色彩迁移算法的实验效果图具有所有颜色通道的良好分布，视觉效果自然。但传统的色彩迁移算法完全依赖于全局图像统计，因此缺乏局部色彩调整的自适应能力，在某些情况下，颜色校正效果可能会出现红色分量过度补偿的情况，进而导致水下复原图像出现红色块伪影、色斑等问题。为避免上述问题的发生，本章提出一种基于色彩迁移的半全局水下图像复原算法，该算法需要两个图像输入，第一幅图为原始水下模糊图像，第二幅图为第一幅图经色彩迁移后的效果图，将两幅图与所需的校正水平成比例地进行融合，其中校正水平本身对应于水下光线衰减水平，该算法不仅避免了红色分量过度补偿的情况，同时增强了算法自身的鲁棒性。

(a) 原图像　　　　　　　　(b) 参考图像　　　　　　　　(c) 效果图

图 11-3　色彩迁移算法的实验图

11.3　水下色彩衰减水平估计模型

　　为准确估计水下光线衰减水平，本章搭建了一种有效的水下色彩衰减水平估计模型。由第 1 章内容可知：光线在水中传播的过程中，水体的吸收作用会导致光线衰减，具有较长波长的红光比绿光和蓝光更多地被吸收；光传播路径中的悬浮颗粒和水分子对光的散射作用会导致图像模糊。基于上述两种先验可得：衰减程度更严重的水下场景，具有更少的红色分量和更为严重的模糊程度。

　　根据以上结论，首先定义三种光线衰减水平估计方法，再根据每种估计方法表现最佳时所需的照明和环境条件，将三种估计方法重新组合成能够适用于各种水下环境的色彩衰减水平估计模型。首先，将图像的红色分量重新定义为

$$R(x) = \max_{y \in \Omega(x)} I^{R}(y) \tag{11-8}$$

其中，I^{R} 表示水下图像的红色分量图；max 表示最大值滤波操作；Ω 表示一个以 x 为中心的局部区域。本章假设保留更多红色分量信息的场景点更接近于成像设备，水下颜色衰减程度也更小，所以直接从红色分量图中获取第一个光线衰减水平估计值 W_{R} 为

$$W_{R}(x) = 1 - F_{s}\left[R(x)\right] \tag{11-9}$$

其中，F_{s} 表示拉伸函数，其表达式为

$$F_{s}(v) = \frac{v - \min(v)}{\max(v) - \min(v)} \tag{11-10}$$

其中，v 表示一个向量。第二个光线衰减水平估计值被定义为

$$\begin{cases} W_{d}(x) = 1 - F_{s}\left[D_{\mathrm{MIP}}(x)\right] \\ D_{\mathrm{MIP}}(x) = \max_{y \in \Omega(x)} I^{R}(y) - \max_{y \in \Omega(x)}\left\{I^{G}(y), I^{B}(y)\right\} \end{cases} \tag{11-11}$$

其中，D_{MIP} 表示 Carlevaris-Bianco 等[9]提出关于水下颜色衰减的先验(maximum intensity prior，MIP)，其思想内容为：因为红色分量以比绿色和蓝色分量高得多的衰减速率在水中传播，所以光线在水下衰减越严重，红色分量最大值与绿色分量和蓝色分量最大值存在的差距就越大。对于水下场景点，D_{MIP} 的值越大，该场景点离成像设备就越近，水下颜色衰减程度越小。

第三个光线衰减水平估计值被定义为

$$W_{b} = 1 - F_{s}\left[P_{\mathrm{BLR}}(x)\right] \tag{11-12}$$

其中，P_{BLR} 是本章提出的一种表征水下环境模糊程度的指标(image blurriness，BLR)，其值越大，水下场景模糊程度越严重，光线在水下传播时衰减程度也越严重。P_{BLR} 的定义步骤如下：首先，计算原图像与其多尺度高斯滤波图像之间的差值来估计初始模糊度图：

$$P_{\mathrm{init}}(x) = \frac{1}{n}\sum_{i=1}^{n}\left|I_{g}(x) - G^{k,\sigma}(x)\right| \tag{11-13}$$

其中，I_{g} 表示水下图像的灰度图；$G^{k,\sigma}$ 表示对灰度图进行高斯滤波获得的图像，其中，高斯滤波器的尺寸为 $k \times k$，标准差为 σ(本章 $r_{i}=2^{i}+1$，$n=4$)。然后，假设小块局域中的模糊度是均匀的，对初始模糊度图进行最大值滤波处理。最后，对初

始模糊度图像进行孔洞填充处理，获得最终的模糊度图：

$$P_{\mathrm{BLR}}(x) = C_{\mathrm{r}}\left[\max_{y\in\Omega(x)} P_{\mathrm{init}}(x)\right] \tag{11-14}$$

其中，设置最大值滤波处理中的局域半径 $R=7$（经大量实验验证，从 $R=7$ 到 $R=31$ 的局域适用于尺寸为 800×600 到 1280×720 的图像）；C_{r} 表示孔洞填充处理。结合式(11-8)、式(11-10)和式(11-11)，基于光线吸收和模糊度的假设，并结合全局背景光 B 和图像平均红色分量值，本章对以上三种光线衰减水平估计方法重新组合，进而搭建了一种估计水下色彩衰减水平的模型，组合方式为

$$\begin{cases} W_n(x) = \theta_b\left[\theta_a W_d(x) + (1-\theta_a)W_{\mathrm{R}}(x)\right] + (1-\theta_b)W_b(x) \\ \theta_a = S\left[\mathrm{avg}_c(B^c), 0.5\right], \qquad \theta_b = S\left[\mathrm{avg}(I^R), 0.1\right] \end{cases} \tag{11-15}$$

其中，权重值 θ_a 和 θ_b 由 Sigmoid 函数确定，其表达式为：$S(a,v)=\left[1+\mathrm{e}^{-s(a-v)}\right]^{-1}$，被估计出的 $W_n\in[0,\ 1]$ 可被视为水下场景点的色彩衰减图，最后通过导向图滤波算法对水下色彩衰减图进行细节细化和平滑。

对三种色彩衰减水平估计方法组合形式的解释为：当水下图像的全局背景光相对暗淡[$\mathrm{avg}_c(B^c)<0.5$]并且水下场景中存在合理的红色分量值[$\mathrm{avg}(I^R)>0.1$]时，W_{R} 可以单独表示颜色衰减水平。在这种情况下，$\theta_a\approx0$ 和 $\theta_b\approx1$，即 $W_n(x)\approx W_{\mathrm{R}}(x)$。但是当全局背景光相对明亮，远处场景点的像素值相对较高，则远处场景点在红色通道中具有较大的像素值，并且被错误地判断为近景（即衰减较少的场景点）。因此随着全局背景光的增强，$W_{\mathrm{R}}(x)$ 无法表示水下图像颜色衰减水平，如图 11-4(d)和(e)所示，W_{R} 衰减图误将衰减严重的远景当成了近景。

当水下环境具有更亮的背景光时，W_d 可单独表示颜色衰减水平。与绿色分量和蓝色分量相比，越远的场景点衰减越严重，且红色光就被吸收得越多。因此，当水下图像的全局背景光相对明亮[$\mathrm{avg}_c(B^c)>0.5$]，且水下场景中存在合理的红色通道信息值[$\mathrm{avg}(I^R)>0.1$]时，$\theta_a\approx1$ 和 $\theta_b\approx1$，即 $W_n(x)\approx W_d(x)$。但是当红色分量较少时，仅使用基于红色分量的 D_{MIP} 先验将无法适用于上述水环境，如图 11-4(e)和(f)所示，W_d 衰减图误将衰减严重的岩石和河床当成衰减很少的场景。

最后，如果水下图像只有极少的红色分量[$\mathrm{avg}(I^R)<0.1$]，则直接使用 $W_{\mathrm{R}}(x)$ 和 $W_d(x)$ 可能无法估计颜色衰减水平。在这种情况下，$\theta_b\approx0$，即 $W_n(x)\approx W_b(x)$，说明估计色彩衰减水平仅依赖于水下图像模糊程度。在这三种不同的极端水下环境情况下，水下图像颜色衰减水平的估计来自三种方法的加权组合。如图 11-4 所示，第 1 行显示了 6 幅色彩衰减较为严重的水下图像，其背景光的平均值 $\mathrm{avg}_c(B^c)$ 分

别为 0.06、0.09、0.76、0.86、0.63、0.72。第 2～5 行分别显示了对应于第 1 行原图像的 W_R 衰减图、W_d 衰减图、W_b 衰减图和 W_n 衰减图，由最终的水下色彩衰减图可知，本章算法可以有效地反映出水下图像的色彩衰减程度。

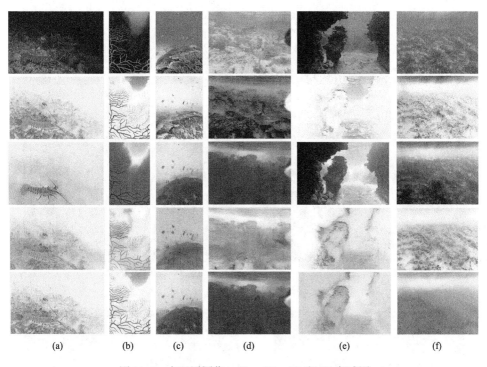

(a)　　　　(b)　　　　(c)　　　　(d)　　　　(e)　　　　(f)

图 11-4　水下原图像、W_R、W_d、W_b 和 W_n 衰减图

最后，简单地将原图像与经色彩迁移算法处理后的图像按比例进行融合，其中融合所需的二维权重图为水下色彩衰减图，合成式为

$$I_{CC}(x) = [1 - I_w(x)]I_{CT}(x) + I_w(x)I(x) \tag{11-16}$$

其中，$I(x)$ 表示水下原图像；$I_{CT}(x)$ 表示经色彩迁移算法处理后的图像；$I_w(x)$ 表示二维权重图；$I_{CC}(x)$ 表示本章估计的最终色彩校正图。

11.4　实验结果与对比分析

为了验证本章算法性能，将本章算法与色彩迁移算法进行对比，如图 11-5～图 11-7 所示，其中图 11-5(a)～图 11-7(a) 分别为珊瑚礁、海鱼和潜水员模糊图像，三幅图像都存在色彩衰减严重的问题；图 11-5(b)～图 11-7(b) 为水深较浅、环境

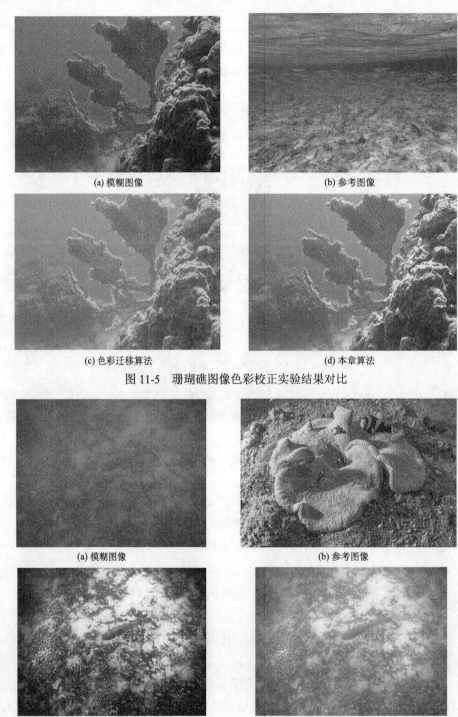

(a) 模糊图像 (b) 参考图像

获取原图

(c) 色彩迁移算法 (d) 本章算法

图 11-5 珊瑚礁图像色彩校正实验结果对比

(a) 模糊图像 (b) 参考图像

获取原图

(c) 色彩迁移算法 (d) 本章算法

图 11-6 海鱼图像色彩校正实验结果对比

(a) 模糊图像

(b) 参考图像

(c) 色彩迁移算法

(d) 本章算法

获取原图

图 11-7　潜水员图像色彩校正实验结果对比

光充足，且色彩衰减不明显的清晰水下图像，并将其作为色彩迁移算法的参考图像。图 11-5(c)～图 11-7(c)为仅采用色彩迁移算法处理的色彩校正后的图像，色彩迁移算法只是将参考图像的均值和标准差两个属性转移到原图像中，完全依赖于全局图像统计，而忽略了原图像的色彩衰减信息，很可能导致色彩校正后图像存在对比度过度增强或红色分量过度补偿的问题，所以图 11-5(c)和图 11-6(c)存在对比度过度增强和视觉效果不自然的问题，图 11-7(c)也没有达到理想的色调。图 11-5(d)～图 11-7(d)为采用本章算法处理的色彩校正后的图像，本章算法在色彩迁移算法的基础上，还考虑了原图像的色彩衰减信息，使算法具有局部色彩调整的自适应能力，所以图 11-5(d)～图 11-7(d)在色彩保真度、对比度和视觉效果方面的表现都令人较为满意。

为验证本章算法的有效性和优越性，使用 max-RGB 算法、Gray World 算法[10]、Shades of Gray 算法[11]、Gray Edge 算法[12]和本章算法进行了对比。图 11-8(a)～图 11-11(a)分别为雕像、遗骸、海鱼和海龟模糊图像，对比实验采用的原图像均存在色彩衰减严重的问题。max-RGB 算法、Gray World 算法、Shades of Gray 算法和 Gray Edge 算法都可用于消除水下图像色彩衰减的白平衡改进算法，其原理是根据图像的色温来纠正图像的色彩偏差。上述算法应用场景一般为普通的色彩衰减情况，对水下色彩衰减严重的情况处理效果不理想。图 11-8（b）～图 11-11（b）为 max-RGB 算法处理的效果图，偏色情况有所改善，但偏色消除并不彻底，结果图的色调仍然偏绿；图 11-8（c）～图 11-11（c）和图 11-8（d）～图 11-11（d）为 Gray World 算法和 Shades of Gray 算法处理的效果图，偏色情况有很大的改善，但是整体亮度偏暗，而且过度补偿了红色分量的衰减值，导致这两种算法的处理结果颜色偏红；图 11-8（e）～图 11-11（e）为 Gray Edge 算法处理的效果图，此算法在处理普通的色彩衰减情况时，效果较为明显，但是在处理严重色彩衰减的情况时，效果并不明显，甚至产生对比度异常和过度曝光等新的问题，如图 11-9（e）所示，处理遗骸模糊图像产生的视觉效果极其不自然。相比于上述四种水下图像颜色校正算法，本章算法在处理水下图像颜色校正方面更为有效，图 11-8（f）～图 11-11（f）为本章算法处理的效果图，不论是处理普通的色彩衰减情况，还是处理严重的色彩衰减情况，效果图的偏色问题都大有改善，而且具有较高的亮度和对比度，在视觉效果方面也显得更加自然。

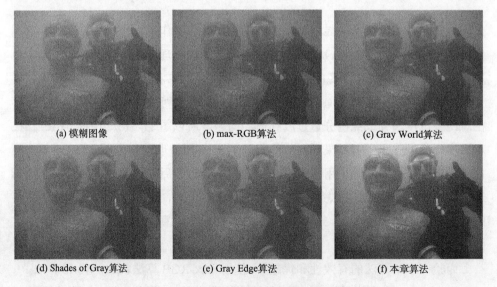

图 11-8　雕像图像色彩校正实验结果对比

为了客观评价图像的颜色校正效果，使用指标 BRISQUM 和 UIQM 对上述算法进行定量分析。BRISQUM 是一种基于空间自然场景统计模型的无参考图像整体质量评价指标，主要用来衡量图像接近于自然场景的程度，BRISQUM 值越小，则说明图像的视觉效果越接近自然场景。表 11-1 为图 11-8～图 11-11 中所有图像的 BRISQUM 指标对比结果。UIQM 是一种基于人眼视觉系统激励的无参考水下图像质量评价指标，由色彩测量(underwater image colorfullness measure, UICM)、清晰度测量(underwater image sharpness measure, UISM)和对比度测量(underwater image contrast ratio measure, UIConM)三个分量线性组合而成，其中线性模型的设计以水下光学图像的成像特性和退化机理为依据。UIQM 值越大，则说明图像的色调、清晰度和对比度越自然。表 11-2 为图 11-8～图 11-11 中所有图像的 UIQM 指标对比结果。

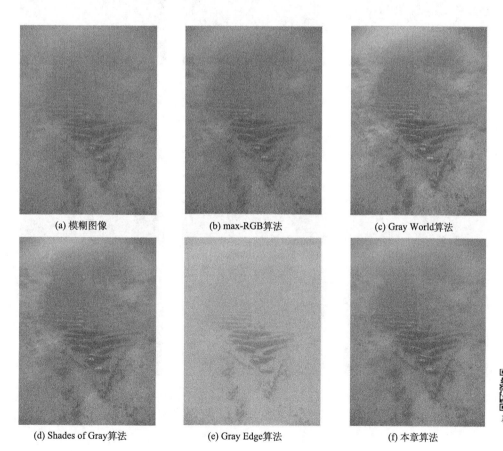

(a) 模糊图像　　　　　　　(b) max-RGB算法　　　　　　(c) Gray World算法

(d) Shades of Gray算法　　　(e) Gray Edge算法　　　　　(f) 本章算法

获取原图

图 11-9　遗骸图像色彩校正实验结果对比

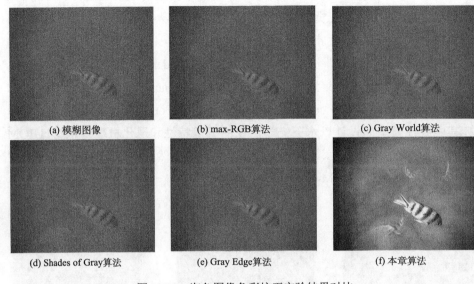

(a) 模糊图像　　　　　　　　(b) max-RGB算法　　　　　　　(c) Gray World算法

获取原图

(d) Shades of Gray算法　　　　(e) Gray Edge算法　　　　　　　(f) 本章算法

图 11-10　海鱼图像色彩校正实验结果对比

(a) 模糊图像　　　　　　　　(b) max-RGB算法　　　　　　　(c) Gray World算法

获取原图

(d) Shades of Gray算法　　　　(e) Gray Edge算法　　　　　　　(f) 本章算法

图 11-11　海龟图像色彩校正实验结果对比

表 11-1　BRISQUM 指标实验数据对比

图像	原图	max-RGB 算法	Gray World 算法	Shades of Gray 算法	Gray Edge 算法	本章算法
图 11-8	33.686	28.716	21.673	19.312	29.112	16.159
图 11-9	27.121	22.321	23.953	20.129	24.361	14.275
图 11-10	39.121	36.718	27.573	24.329	49.087	22.298
图 11-11	28.210	26.891	23.219	19.671	25.661	18.172

表 11-2　UIQM 指标实验数据对比

图像	原图	max-RGB 算法	Gray World 算法	Shades of Gray 算法	Gray Edge 算法	本章算法
图 11-8	0.187	1.245	2.897	2.340	0.956	3.438
图 11-9	0.231	1.342	1.798	1.451	2.018	4.782
图 11-10	0.313	2.181	3.104	3.449	0.119	3.897
图 11-11	2.201	2.902	3.671	3.314	2.512	3.810

从表 11-1 可以得出，经本章算法颜色校正后的水下图像 BRISQUM 指标均为最小，说明本章算法所恢复的图像在色彩保真度、细节清晰度和整体对比度等方面综合考量都有显著提升。从表 11-2 可以得出，经本章算法颜色校正后的水下图像 UIQM 指标均为最大，说明本章算法所恢复的图像相比于其他水下图像颜色校正算法更接近自然场景下的视觉效果。通过对水下颜色校正图像进行主客观评价和分析可知，本章算法能稳定较好地保持水下场景原有的色调，颜色校正后的图像颜色分布正常，不仅修复了图像颜色的偏移，而且符合人眼视觉。

11.5　本 章 小 结

本章提出一种基于色彩迁移的半全局水下图像复原算法，通过对水下图像进行局部色彩校正来改善水下图像的色彩保真度。首先本章将色彩迁移算法作为颜色校正的预处理步骤，选取清晰的水下图像作为参考图像，将其平均值和标准偏差转移到目标图像。然后通过组合三种光线衰减水平估计方法构建水下颜色衰减水平模型。最后将色彩迁移后的水下图像与原图像按比例融合，从而获得最终的颜色校正图像，其中两幅图像融合时所用的权值对应于水下图像的颜色衰减程度。为了验证算法的有效性，将本章算法与 max-RGB 算法、Gray World 算法、Shades of Gray 算法和 Gray Edge 算法进行整体的对比评价。主客观分析表明，本章算法在 BRISQUM 指标和 UIQM 指标上均优于其他对比颜色校正算法，可以有效地解决图像颜色衰减和颜色失真等问题。

参 考 文 献

[1] Corchs S, Schettini R. Underwater image processing: State of the art of restoration and image enhancement methods[J]. EURASIP Journal on Advances in Signal Processing, 2010: 1-14.

[2] 孙传东, 陈良益, 高立民, 等. 水的光学特性及其对水下成像的影响[J]. 应用光学, 2000, 21(4): 39-46.

[3] Reinhard E, Adhikhmin M, Gooch B, et al. Color transfer between images[J]. IEEE Computer Graphics and Applications, 2002, 21(5): 34-41.

[4] Mittal A, Moorthy A K, Bovik A C. No-reference image quality assessment in the spatial domain[J]. IEEE Transactions on Image Processing, 2012, 21(12): 4695-4708.

[5] Panetta K, Gao C, Agaian S. Human-visual-system-inspired underwater image quality measures[J]. IEEE Journal of Oceanic Engineering, 2016, 41(3): 541-551.

[6] 智川, 周世生, 石毅. 基于模糊理论的 RGB 到 CIEL*a*b*色彩空间转换模型的研究[J]. 西安理工大学学报, 2009, 25(3): 338-341.

[7] 钟高锋. 图像色彩迁移算法的研究[D]. 广州: 广东工业大学, 2008.

[8] 胡国飞, 傅健, 彭群生. 自适应颜色迁移[J]. 计算机学报, 2004, 27(9): 1245-1249.

[9] Carlevaris-Bianco N, Mohan A, Eustice R M. Initial results in underwater single image dehazing[C]. OCEANS 2010 MTS/IEEE SEATTLE. IEEE, 2010: 1-8.

[10] Kriss M A. Color constancy[M]. New York: John Wiley & Sons, 2007.

[11] Finlayson G D, Trezzi E. Shades of gray and colour constancy[C]. Proceedings of the 12th Color Imaging Conference, Scottsdale, Arizona, 2004: 37-41.

[12] van de Weijer J, Gevers T, Gijsenij A. Edge-based color constancy[J]. IEEE Transactions on Image Processing, 2007, 16(9): 2207-2214.